软件成本度量国家标准实施指南

理论、方法与实践

张旸旸　主　编

周　平　主　审

电子工业出版社.

Publishing House of Electronics Industry

北京·BEIJING

内 容 简 介

为落实工业和信息化部优化软件产业环境的工作部署，进一步推动功能规模测量、软件开发成本度量、软件测试成本度量、IT 运维成本度量和云服务计量指标等方面的标准推广及深化应用，本书系统地阐述软件成本度量理论体系，深入解读软件成本度量标准内容及实施要点，结合不同场景及典型案例给出具体的应用指导。本书正文分 5 个部分，共 11 章。第一部分是软件成本度量概述和软件规模测量方法（第 1～2 章），第二部分是 GB/T 36964—2018《软件工程 软件开发成本度量规范》标准解读、实施指南和案例分析（第 3～5 章），第三部分是 GB/T 32911—2016《软件测试成本度量规范》标准解读、实施指南和案例分析（第 6～8 章），第四部分是其他软件相关成本度量标准（第 9～10 章），对 IT 运维成本度量（国标在研）和 GB/T 37735—2019《信息技术 云计算 云服务计量指标》进行介绍，第五部分是软件成本度量相关技术展望（第 11 章）。本书还包含 5 个附录：附录 A 中国软件行业基准数据（2019 年），该数据可作为软件研发与测试成本测算的依据；附录 B 涉及本书标准实施的常见问题及回答（Q&A），附录 C 标准术语和定义，附录 D 快速功能点分析方法介绍，附录 E 调整因子参数表。

本书读者涉及软件成本度量的相关人员，包括软件预算申报、审查、采购、审计、后评价人员，还包括项目经理及需求分析/开发/测试人员、过程改进人员、项目管理成员、质量保证人员、度量专员、第三方评估或测评人员。

未经许可，不得以任何方式复制或抄袭本书之部分或全部内容。

版权所有，侵权必究。

图书在版编目（CIP）数据

软件成本度量国家标准实施指南：理论、方法与实践 / 张旸旸主编. —北京：电子工业出版社，2020.7
ISBN 978-7-121-38312-0

Ⅰ. ①软… Ⅱ. ①张… Ⅲ. ①软件开发－成本－度量－国家标准－中国－指南 Ⅳ. ①TP311.52-65

中国版本图书馆 CIP 数据核字（2020）第 021777 号

责任编辑：郭穗娟
印　　刷：河北虎彩印刷有限公司
装　　订：河北虎彩印刷有限公司
出版发行：电子工业出版社
　　　　　北京市海淀区万寿路 173 信箱　邮编　100036
开　　本：787×1 092　1/16　印张：15.5　字数：394 千字
版　　次：2020 年 7 月第 1 版
印　　次：2025 年 3 月第 5 次印刷
定　　价：88.00 元

凡所购买电子工业出版社图书有缺损问题，请向购买书店调换。若书店售缺，请与本社发行部联系，联系及邮购电话：（010）88254888，88258888。

质量投诉请发邮件至 zlts@phei.com.cn，盗版侵权举报请发邮件至 dbqq@phei.com.cn。

本书咨询联系方式：（010）88254502，guosj@phei.com.cn。

编 委 会

主 编：

张旸旸

主 审：

周 平

副 主 编：

于秀明　李彦军　王海青　蔡立志　杨丽蕴

编 委：

白 璐　王 威　于铁强　李文鹏　王泽胜　龚家瑜　孙继欣

许宗敏　刘 俊　黄 娜　许颖媚　代寒玲　刘增志

参编人员：

陈 鹏　葛建新　楼 莉　李 军　吴新平　杨振海　侯建华

姚祖发　魏玉飞　郝 琳　莫银波　汪喜斌　赵 毅　冯轶华

庄 园　徐川川　邵 华　李琳祎　吴 薇　娄 允　李培圣

孙 莉　李 璐　廖为民　董 丽　杜 洁　张海彤　王丽辉

陈 石　白耀清　辛士界　张 艳　彭欣华　李玲璠　黄 贺

秦思思　彭 涛　曾以蓁　王 楠　张 坤　张大伟　戴 悦

主编单位：

中国电子技术标准化研究院

副主编单位：

中国合格评定国家认可中心

参编单位：

> 北京软件造价评估技术创新联盟
> 上海计算机软件技术开发中心
> 北京软件产品质量检测检验中心
> 河北软件评测中心
> 北京软件和信息服务交易所有限公司
> 北京科信深度科技有限公司
> 广东省科技基础条件平台中心
> 中科宇图科技股份有限公司
> 国网经济技术研究院有限公司

协助单位（排名不分先后）：

> 中国光大银行股份有限公司
> 招商银行股份有限公司
> 交通银行股份有限公司
> 广发银行股份有限公司
> 中信银行股份有限公司
> 龙江银行股份有限公司
> 天津银行股份有限公司
> 农信银资金清算中心有限责任公司
> 广西壮族自治区公安厅
> 中国神华国际工程有限公司
> 中国石油天然气集团公司信息技术服务中心
> 中国石油化工股份有限公司茂名分公司
> 云南电网有限责任公司信息中心
> 上海市软件评测中心有限公司
> 北京中基数联科技有限公司
> 北京神州航天软件技术有限公司
> 吉林省电子信息产品监督检验研究院
> 珠海南方软件网络评测中心
> 南昌金庐软件园软件评测培训有限公司
> 沈阳华睿博信息技术有限公司

前　言

软件是新一代信息技术的灵魂。随着"软件定义一切"时代的到来，软件在产品和服务中的地位越来越高，已经成为驱动产业和技术创新、引领经济社会转型发展的核心力量。软件需要资金和科技的投入，是人类知识、经验、智慧和创造性劳动的结晶，属于知识密集型的产品，而软件的价值不仅体现在开发和测试过程中凝结的人类劳动，还体现在运维和服务过程中发挥的经济和社会效益。只有给予与价值相匹配的酬劳和尊重，软件从业人员才能积极地贡献劳动和知识，软件产业才能形成良好的生态，保障可持续性的发展。

成本是价值的重要组成部分，统一和规范的软件成本度量是正确引导软件价值的重要基础。工业和信息化部苗圩部长曾指出，我国软件价值失衡的现象还比较明显，需要推广软件价值评估规范，完善软件价值评估机制，引导各地积极开展软件成本度量标准的试点。为此，我国在软件成本方面开展了大量的标准化工作，针对软件的开发、测试和运维和服务等过程，发布了 GB/T 32911—2016《软件测试成本度量规范》、GB/T 36964—2018《软件工程 软件开发成本度量规范》、GB/T 37735—2019《信息技术 云计算 云服务计量指标》，并且正在研究制定 IT 运维成本度量标准。配合成本度量标准，开展了功能规模测量、测量方法和测量过程等支撑方法标准的研究制定，包括 GB/T 18491"功能规模测量"系列标准，COSMIC、MkⅡ、NESMA、FiSMA 1.1 功能规模测量方法系列行业标准，以及 GB/T 20917—2007《软件测量过程》，形成了较为完整的软件成本度量标准体系。

软件成本度量的标准化成果需要经过科学的解读、正确的理解、有效的实施等一系列标准化活动的相互配合，才能在引导软件价值评估中发挥最佳效果。为此，本书以软件成本度量多项国家标准为基础，从理论体系剖析、标准条款解读、实施方法分析和典型案例示范等方面，对标准内容进行全方位的阐述，深入解读软件成本度量标准内容及实施要点，覆盖研发、测试、运维等多种应用场景，并能够适应新一代信息技术的发展，有效地推动我国软件价值评估相关标准的应用和实践。

1. 本书主要内容

本书正文分 5 个部分，具体内容如下。

第一部分是软件成本度量概述和软件规模测量方法（第 1～2 章），主要介绍软件成本度量的背景意义、研究现状、标准化情况、标准中软件成本和成本度量的概念，总结软件成本的构成及成本度量过程中规模度量的方法和基准比对方法。

第二部分是《软件工程 软件开发成本度量规范》标准解读、实施指南和案例分析

（第 3～5 章），首先解读 GB/T 36964—2018《软件工程 软件开发成本度量规范》标准内容，着重分析软件成本构成以及工作量、工期、成本估算等要点，进而结合实际的实施场景（包括预算编制、招投标及商务谈判、项目计划与管理、第三方评估、核算及后评价）给出了标准的应用指导。最后，通过不同行业的实施案例，阐述如何采用标准解决软件成本度量过程中的各种问题及实施效果。

第三部分是《软件测试成本度量规范》标准解读、实施指南和案例分析（第 6～8 章），首先解读 GB/T 32911—2016《软件测试成本度量规范》标准内容，着重分析软件成本度量的过程、方法和相关调整因子，进而从甲方、乙方、第三方的角度，按照在招投标预算、项目变更和项目核算阶段的特点，对不同的场景进行描述，提出合理的估算流程，给出应用指导。最后，通过多个实施案例，说明软件测试成本计算的具体应用方法与步骤。

第四部分是其他软件相关成本度量标准（第 9～10 章），对目前在研的 IT 运维成本度量和 GB/T 37735—2019《信息技术 云计算 云服务计量指标》进行介绍。

第五部分是软件成本度量相关技术展望（第 11 章），分析软件成本相关标准在应用推广过程中存在的问题，并从方法选择及其优化、基准数据和配套工具 3 个方面给出未来发展方向。

此外，本书还包含 5 个附录：

附录 A 中国软件行业基准数据（2019 年），该数据可作为软件研发与测试成本测算的依据。

附录 B 涉及本书标准实施的常见问题及回答（Q&A）。

附录 C 标准术语和定义。

附录 D 快速功能点分析方法介绍。

附录 E 调整因子参数表。

2. 本书主要解决的问题

（1）关键术语及概念的理解偏差问题，如软件因素及开发因素调整因子的定义、直接成本与间接成本的界定等。

（2）在实际应用场景下，不同方法的选择和流程定义的问题，如功能点分析方法的选择、预算场景和计划场景中的过程差异等。

（3）对于不同行业用户，因管理需求及模式的差异而带来的标准实施个性化问题，如实施步骤的确定、实施要点的侧重等。

3. 本书目标读者

涉及软件成本度量的相关人员，包括但不限于：

（1）软件预算申报/审查/采购/审计/后评价人员。

（2）项目经理及需求分析/开发/测试人员。

（3）过程改进人员、项目管理成员、质量保证人员、度量专员。

（4）第三方评估评或测评人员。

目　录

第1章 绪 论

20 世纪 50 年代的计算机系统应用领域较窄、规模较小，系统中的软件成本通常只占项目成本的 10%～20%。20 世纪 70 年代后期，信息技术发展迅猛，计算机硬件产品的性能不断提升，价格不断下降，性价比不断提高，计算机从神秘庞大的高端设备变成了人们不可或缺的工具。随着"互联网+"行动的推出，移动互联网、云计算、大数据、物联网、人工智能等新一代信息技术的发展，软件的商业模式和服务模式也在不断革新，向着平台化、网络化、服务化、智能化的方向发展，软件产品和软件密集型信息系统正在越来越多地用于实现各类企业和个人。特别是在企业上云政策的推动下，传统硬件的采购越来越少，软件成本在信息系统总成本中占的比例越来越大。因此，软件成本度量对系统的开发、测试和运维有着重要的意义。

根据工业和信息化部对 2019 年软件和信息技术服务业统计公报[1]，2019 年，我国软件和信息技术服务业呈现平稳向好发展态势，收入和利润均保持较快增长，从业人数稳步增加。软件和信息技术服务业务收入保持较快增长，2019 年全国软件和信息技术服务业规模以上企业超过 4 万家，累计完成该项业务收入 71768 亿元，同比增长 15.4%。2019 年软件和信息技术服务业实现利润总额 9362 亿元，同比增长 9.9%；人均实现该项业务收入 106.6 万元，同比增长 8.7%。2012—2019 年软件和信息技术服务业务收入增长情况如图 1-1 所示。

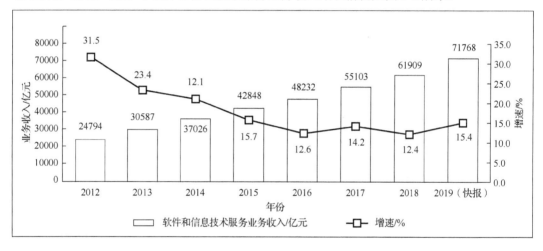

图 1-1　2012—2019 年软件和信息技术服务业务收入增长情况

尽管我国软件行业的收入一直保持着较快增长，软件企业的项目管理能力不断提升，但项目费用超支、工期超出的情况一直存在，很大程度上与软件成本估算不准确有关。

---

[1]　http://www.miit.gov.cn/n1146285/n1146352/n3054355/n3057511/n3057518/c7662595/content.html.

1.1　软件成本度量的意义

软件成本度量对软件项目的规划、建设、运维等阶段都具有重要的意义,具体表现在以下 3 个方面:

(1)在预算及招投标活动中,软件成本度量有助于制定合理的项目预算,规范招投标行为。

一方面,甲方如果缺乏科学有效的方法,将无法准确估算项目成本和合理的投标价格范围。另一方面,部分参与竞标的乙方为了获得项目,会恶意低价竞标,这种不当竞争会导致甲方无法在约定期限内得到合格的产品与服务,同时也会对优秀软件企业的利益造成损害。

在预算时,开展科学的软件成本度量可以获得更准确的项目预算,从而减少资源浪费或因费用不足导致的项目失败;在招投标阶段,则可以通过确定合理的项目成本范围,帮助甲方选择可靠的乙方,也有利于乙方根据自身能力竞标,从而有效地规避项目风险,促进软件产业健康发展。

(2)在项目实施中,软件成本度量有助于合理调配资源,有效控制项目范围和质量,是软件项目成功的重要保障。

在项目实施中,因成本估算不准确而造成的项目计划不合理,可能导致项目资源投入不足,进而影响项目进度和造成质量风险,或因资源投入过多而造成浪费。此外,项目需求模糊导致开发过程中产生大量的需求变更,而甲方往往不会支付因需求变更而产生的额外费用,最终影响乙方的利润水平及项目交付质量。

采用科学的成本度量方法进行规模、工作量、工期和成本估算,一方面为合理的资源分配及工期安排提供有效的支撑。另一方面,基于功能规模的估算过程会促使甲方尽早明确关键业务需求,减少需求变更对项目进度及成本的影响;对于必要的需求变更,也可对其成本进行有效度量,为甲、乙双方商务谈判提供量化的依据,保证软件企业合理的利润。

(3)在项目决算及后评价阶段,软件成本度量有助于项目交付、总结和评价,促进软件企业和行业的健康发展。

项目决算时,甲、乙双方经常就项目的实际投入存在较大争议,从而影响到项目的最终交付,也难以对项目的绩效进行科学评价。

通过科学的软件成本度量,首先,能够了解项目的实际成本,为决算工作提供合理的依据。其次,通过对项目决算与预算的对比,考核投资控制的工作成效,总结经验教训,可以提高未来建设工程的效益。最后,可以利用众多软件企业的度量数据,建立基准数据库,定量分析软件企业或行业的当前能力、问题及发展趋势,为软件企业的发展提供指导,相关主管部门也可依此制定合理的政策引导软件行业健康发展。

1.2 软件成本度量技术和方法

软件成本度量是对软件成本的预计值进行估算或对实际值进行测量、分析的过程。所估算的成本会成为预算编制、招投标、项目计划、投资分析以及定价等活动的重要参考依据。

在国内外相关的实践中，软件成本度量常用的方法包括 Wideband Delphi、SLIM、PRICE-S、SEER-SEM 和 COCOMO II 等。

1. Wideband Delphi

Wideband Delphi 是一种基于专家经验的主观估算方法，其估计步骤如下：

（1）组建估算团队。组建估算团队并划分成不同估算单元。当团队规模较小（不超过 5 人）时，每个人视为一个估算单元；当团队较大时，可以将团队分成 3～5 人的小组，每个小组视为一个估算单元。

（2）向估算团队描述估算背景及要求，包括项目范围/目标/结果、资源约束，以及量纲、估算的轮次等详细要求等。

（3）每个估算单元独立估算。保证估算团队中的每个估算单元有足够的时间独立完成估算，并记录其在估算过程中的假设及主要工作。同时，赋予每个估算单元表达其独立洞见和直觉的权利，而不受其他估算单元的干扰，首轮估算过程中的私密性和匿名性非常重要。

（4）展现结果并进行讨论。估算团队分析各估算结果之间的异同，并分别解释其估算过程，包括主要假设和结论等。在这个过程中，各估算单元可以提醒其他估算单元在估算过程中所遗漏的内容，也可以强制要求他们面对不同的假设给出估算结论。

（5）重复（3）～（4）步骤，直到达到预设的终止条件为止。常用的终止条件为各估算单元的差异小于预设值或已达到步骤（2）中设定的估算轮次上限。在估算终止时，通常采用加权平均的方式确定最终估算结果。

2. SLIM

在 1978 年，为了满足美国陆军估算大型项目的总工作量和交付时间的需要，Putnam 开发了一个约束模型——SLIM，并应用于代码行数大于 70000 行的项目。另外，经过调整，基本的 SLIM 公式也可以适用于小项目。SLIM 假设软件开发工作量的分布规律符合 Rayleigh 曲线，且每个点对应一个主要的开发活动，并引入关于生产率级别的经验观察值，得到如下软件功能规模 S 计算式：

$$S = CK^{\frac{1}{3}}t_d^{\frac{4}{3}} \tag{1-1}$$

式中，C 为技术因子；K 为按人年计算的项目总工作量（包含维护工作量）；t_d 为以年为计算单位的交付前剩余时间，理论上，t_d 是 Rayleigh 曲线上的最大值点。

3. PRICE-S

PRICE-S 模型最初由美国无线电公司开发，并用于内部的软件项目估算，如阿波罗登月计划。PRICE-S 包含以下 3 个子模型。

（1）采购子模型：这个子模型用于预测软件成本和制订计划。该模型覆盖的主要软件类型包括业务系统、通信系统、指挥和控制系统、航天系统等。

（2）规模子模型：该子模型用于估算所开发的软件规模。规模可以是代码行、功能点和对象点。

（3）生存周期成本子模型：该子模型用于估算软件运维阶段的早期成本。

4. SEER-SEM

与 SLIM 的提出背景相似，SEER-SEM 最早也是由美国军方研究和应用的。该模型同样适用于软件项目的工期和工作量估算。在使用 SEER-SEM 的过程中，首先要了解软件项目基本信息，如规模、技术、工时或工期约束、质量要求等。明确上述信息后，就可以应用 SEER-SEM 估算项目的工期和工作量了。

在 SEER-SEM 中，不同的规模首先被转换为有效规模 S_e。有效规模包括新增的内容、修改或重用的内容及第三方组件实现的功能等。SEER-SEM 规定有效规模的计算方式为

$$S_e = 新规模 + 原规模 \times (0.4 \times 重设计 + 0.25 \times 重实现 + 0.35 \times 重测试) \tag{1-2}$$

得到项目的有效规模后，然后确定项目的工时，如式（1-3）所示：

$$K = D^{0.4} \times \left(\frac{S_e}{C_{te}} \right)^{1.2} \tag{1-3}$$

式中，K 为软件项目所需的工时，D 为人员配置的复杂性程度（根据项目添加人员的速度对项目难度进行评级），S_e 为有效规模，C_{te} 为考虑综合因素后的生产率系数。计算项目工期的公式与计算项目工时的公式相似。

$$t_d = D^{-0.2} \times \left(\frac{S_e}{C_{te}} \right)^{0.4} \tag{1-4}$$

式中，t_d 为预期的软件项目工期。

SEER-SEM 用于工作量和工期的估算结果表明，随着规模的增加，项目工作量上升得更为迅速（幂函数的指数为 1.2），项目工期的增长则比较缓慢（幂函数的指数为 0.4）。

5. COCOMO Ⅱ

Barry W. Boehm 在 20 世纪 70 年代后期提出了构造性成本模型 COCOMO（Constructive Cost Model），此后，随着软件工程技术的发展这一模型不断完善，在 1994 年形成了 COCOMO Ⅱ，

成为当今世界上应用最广泛的软件成本估算模型之一。

COCOMO II 以软件规模作为估算的主要依据，使用 17 个工作量乘数与 5 个规模因子来体现不同软件项目在项目环境、运行平台、人员、产品等方面的差异。

COCOMO II 中所采用的成本驱动因子及其含义见表1-1。

表 1-1　COCOMO II 中所采用的成本驱动因子及其含义

类　别	成本驱动因子	含　义	成本驱动因子	含　义
比例因子	PREC	先例性	PMAT	过程成熟度
	FLEX	灵活性	TEAM	团队凝聚力
	RESL	体系结构/风险化解	—	—
工作量乘数	RELY	软件可靠性	PCAP	程序员能力
	DATA	数据库规模	PCON	人员连续性
	CPLX	产品复杂性	APEX	应用经验
	RUSE	可复用开发	PLEX	平台经验
	DOCU	文档编制	LTEX	语言和工具经验
	TIME	执行时间约束	TOOL	工具使用
	STOR	主存储约束	SITE	多点开发
	PVOL	平台易变性	SCED	进度要求
	ACAP	分析员能力	—	—

COCOMO II 是一个可扩展的结构化成本估算模型。使用者将 COCOMO II 模型用于新的环境时，可以使用该环境下的项目数据对模型进行校准，加入新的成本驱动因子，以获得更准确的结果；COCOMO II 模型会不定期地发布新的校准结果，模型中的常量也会因校准时间的不同而略有不同。COCOMO II 还可添加新的因子满足软件工程发展的新需求，并与软件实践保持同步。

综上所述，不同的估算方法具有各自的优缺点，不存在一种"最佳方法"可以满足所有场景下的估算需求。因此，不同的组织可以根据应用场景和管理需求选择不同的估算方法。在选择及应用估算方法时应注意以下 4 点：

（1）在方法选择过程中，所用方法的成本、方法的易用性、估算结果的可追溯性等重要因素都需要考虑。

（2）为了提高估算的准确程度，可以同时采用多种估算方法交叉验证。例如，采用一种基于参数模型的形式化估算方法与专家经验法进行交叉验证。

（3）当形式化估算模型没有根据组织的特点及历史数据进行优化或校正时，估算结果可能会存在较大的偏差。

（4）在项目实施过程中，应定期或根据实际情况对假设条件进行检查，以不断提高估算精度。

1.3 国内外标准化现状

软件成本度量标准旨在提供科学的成本控制依据和规范的成本量化方法，可应用在软件项目规划、建设、运维等阶段的相关活动中，以规范软件行业行为。

软件成本度量相关的国际标准化工作主要由国际标准化组织/国际电工委员会/信息技术第 1 联合技术委员会/软件与系统工程分技术委员会（ISO/IEC JTC 1/SC 7）负责。目前，ISO/IEC JTC 1/SC 7 没有制定和发布直接用于软件成本度量标准，已发布的标准主要集中在功能规模测量方面，包括 ISO/IEC 14143 "信息技术 软件度量 功能规模测量" 系列标准及 IFPUG、COSMIC、Mk II、NESMA、FiSMA 5 个具体操作方法的标准，对软件成本度量具有重要的支撑作用。ISO/IEC 14143 系列标准如图 1-2 所示。

图 1-2 ISO 14143 系列标准

在图 1-2 所示的 6 项标准中，ISO/IEC 14143-1 是一项概念标准，并且是其他标准的基础，而这些标准划分为支持标准与方法标准两类。该部分的主要内容包括定义、FSMMs（功能规模测量方法）的特性、FSMMs 的要求、应用 FSMM 的过程、FSMM 标号设置的约定、符合性认证。ISO/IEC 14143-2 是一项支持标准。该部分定义了检查一个候选的 FSMM 是否符 ISO/IEC 14143-1 的过程。推荐采用 ISO/IEC 14143-2 进行符合性评估，本部分的内容包括评价方的特性、符合性评价的输入、符合性评价规程的任务和步骤、符合性评价的输出、符合性评价的结果。ISO/IEC TR 14143-3 是一项支持标准，该部分标准提供了一种评估 FSMM 性能属性的过程。本部分的主要内容包括验证组的能力和职责、验证输入、验证规程、验证输出。ISO/IEC TR 14143-4 是一项支持标准，该部分标准提供了一种用于在 FSMM 之间对比 FSM 结果的基准用户需求的标准汇集，其中还包含选择基准 FSMM 的指南；该部分标准可与 ISO/IEC 14143-3 结合使用，能将规范的、定量的 FSMM 性能证据汇集起来，主要内容包括基准用户需求（RUR）和基准 FSM 法。ISO/IEC TR 14143-5 是一项支持标准。制定该部分标准是为描述功能域（"软件类型"），例如，一个软件能以此判定所属，一个功能测量方法能以此声称其适用性（按 ISO/IEC 14143-1 的要求）。该部分标准通过描述功能域特性以及能将 FUR 特性用于确定功能域的规程，提供一种确定功能域的手段，主要内容包括功能域的一般要求、功能域特性的一般要求、确定一个 FSM 方法对特定功能域的适用性和功能域分类方法示例。ISO/IEC 14143-6 提供了功能规模测量（FSM）相关标准的概括说明以及系列标准之间的关系，以及 ISO/IEC 的功能规模测量方法标准，具体包括以下 5 项。

（1）ISO/IEC 19761（COSMIC_FFP 方法）。

（2）ISO/IEC 20926（IFPUG 方法）。

（3）ISO/IEC 20968（MkⅡ方法）。

（4）ISO/IEC 24570（NESMA 方法）。

（5）ISO/IEC 29881（FiSMA 方法）。

这 5 项功能规模测量方法标准详见表 1-2。

表 1-2 功能规模测量操作方法国际标准

标 准 号	标 准 名 称
ISO/IEC 19761:2011	《软件工程 COSMIC:功能规模测量方法》
ISO/IEC 20926:2009	《软件和系统工程 软件管理 IFPUG 功能规模测量方法 2009》
ISO/IEC 20968:2002	《软件工程 MkⅡ功能点分析 计算实践手册》
ISO/IEC 24570:2018	《软件工程 NESMA 功能规模测量方法 功能点分析应用的定义和计算指南》
ISO/IEC 29881:2010	《信息技术 系统和软件工程 FiSMA 1.1 功能规模测量方法》

我国为了满足行业发展需求，制定了功能规模测量国家标准 GB/T 18491 "信息技术 软件测量 功能规模测量" 系列标准，内容等同采用了国际标准 ISO/IEC 14143 系列。另外，我国还以采标的方式制定了 SJ/T 11617—2016《软件工程 功能规模测量 COSMIC 方法》等 4 项功能规模测量方法电子行业标准，详见表 1-3。

表 1-3　功能规模测量方法电子行业标准

标 准 号	标 准 名 称	采 标 程 度
SJ/T 11617—2016	《软件工程 功能规模测量 COSMIC 方法》	IDT
SJ/T 11619—2016	《软件工程 功能规模测量 MkⅡ功能点分析方法》	NEQ
SJ/T 11619—2016	《软件工程 功能规模测量 NESMA 方法》	NEQ
SJ/T 11620—2016	《软件工程 功能规模测量 FiSMA 1.1 方法》	IDT

在软件开发成本度量方面，发布了国家标准 GB/T 36964—2018《软件工程 软件开发成本度量规范》；在软件测试成本度量方面，发布了国家标准 GB/T 32911—2016《软件测试成本度量规范》。此外，结合云计算等新的软件服务方式，发布了国家标准 GB/T 37735—2019《信息技术 云计算 云服务计量指标》。具体工作如下：

1. 软件开发成本度量

已发布国家标准 1 项，GB/T 36964—2018《软件工程 软件开发成本度量规范》。该标准定义了软件开发成本度量的方法及过程，通过软件开发成本的构成、度量过程和应用场景给出应用指导。

2. 软件测试成本度量

已发布国家标准 1 项，即 GB/T 32911—2016《软件测试成本度量规范》。该标准综合考虑了软件测试过程中涉及的环境、测试工具和测试人工等成本因素，对软件测试成本的度量方法及过程进行了规范。

3. 信息技术服务成本度量

国家标准《信息技术服务 运行维护 第 7 部分：成本度量规范》已完成立项，计划号为 20194187-T-469。该标准将规定运维成本度量的方法及过程，包括运维成本的构成及运维成本度量过程，适用于各类组织度量信息技术服务运行维护成本，包括 GB/T 29264—2012《信息技术服务 分类与代码》中包含的各类运维服务。

4. 云服务计量与计费

已发布国家标准 1 项，即 GB/T 37735—2019《信息技术 云计算 云服务计量指标》。该标准根据基础设施、平台和应用 3 种类型，规定了不同类型云服务的计量指标和计量单位，规范了各类云服务的提供、采购、审计和监管过程中的计量活动。

我国将在相关标准的基础上，构建如图 1-3 所示的软件成本度量标准体系。该体系将软件的供需模式分为产品型供需模式和服务型供需模式。产品型供需模式指以系统、软件、硬件等作为整体购买的价值转移方式，该模式的成本应包含产品整个生产和维护过程的费用，如规划成本、开发成本、测试成本、运维成本。服务型供需模式指信息技术能力不做归属权的转移，只按需进行计费。通过成体系的标准建设，为用户提供全面的软件成本度量指导。

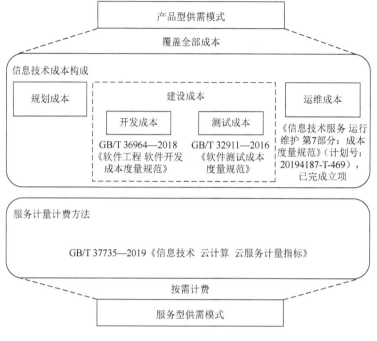

图 1-3　软件成本度量标准体系

第 2 章　软件规模测量方法

软件规模测量是开展软件量化工作的基础和关键，可用于量化过程的效率和有效性，管理软件成本和相关系统。目前，常见的软件规模测量方法包括功能点分析方法、软件非功能评估过程、软件源代码行测量方法、用例点估算方法、对象点估算方法和故事点估算方法。

2.1 功能点分析方法

功能点分析法是目前最为常用的软件规模测量方法，它关注的重点不是软件的实现方式，而是根据软件用户所要求的功能来测量软件规模，该方法也是软件开发成本和测试成本度量标准中所采用的规模测量方法。功能点分析法在软件行业中的实践应用超过 30 年，并逐步形成了 IFPUG、MkⅡ、COSMIC、NESMA 和 FiSMA 5 种方法和相应的国际标准：

（1）ISO/IEC 20926:2009《软件与系统工程 软件测量 IFPUG 功能规模测量方法 2009》。

（2）ISO/IEC 20968:2002《软件工程 MKⅡ 功能点分析 计算实践手册》。

（3）ISO/IEC 19761:2011《软件工程 COSMIC：功能规模测量方法》。

（4）ISO/IEC 24570:2018《软件工程 NESMA 功能规模测量方法 功能点分析应用的定义和计数指南》。

（5）ISO/IEC 29881:2010《信息技术 软件与系统工程 FiSMA 1.1 功能规模测量方法》。

IFPUG 标准由国际功能点用户组提出，是国际上应用最为广泛的软件功能规模测量标准，其余 4 个标准是在 IFPUG 标准基础上发展而成的。MkⅡ 标准由英国软件度量协会（United Kingdom Software Metrics Association，UKSMA）提出，着重帮助用户提高测量过程效率，降低软件开发、更改、维护的成本，目前主要在英国使用。COSMIC 标准是由通用软件度量国际联盟（Common Software Measurement International Consortium）与全面功能点组织（Full Function Point）共同合作提出的，作为新一代的功能点规模测量方法，它通过计算系统中 4 种数据移动类型（输入、输出、读、写）的数量来测量软件规模，计算规则简单直接，不需要调整因子，易于掌握。NESMA 标准由荷兰软件度量协会（NEtherland Software Measurement Association）于 1990 年提出，NESMA 方法在基本兼容 IFPUG 方法计数规则的同时，很好地体现了软件估算应逐步求精的思想并可有效地运用于早期估算，因而在欧美及中国都有广泛的应用。FiSMA 标准由芬兰软件度量协会（Finnish Software Measurement Association）提出，目前主要在芬兰使用。FiSMA 方法虽然也借鉴了 IFPUG 方法的设计思想，但是两者之间的差异是很明显的，该方法突出了"服务"概念，而不再强调"功能"。

2.1.1 IFPUG 方法

1979 年，IBM 的 Albrecht A.J 发表了 *Measuring Application Development Productivity* 一文，这是公认的所有功能点分析方法的文献源头。

1988 年，国际功能点用户组发布了 *Function Point Counting Practices Manual*（《功能点计数实践手册》）2.0 版本。在之后的几十年里，该实践手册的内容不断更新和完善。2003 年 10 月，国际标准化组织基于《国际功能点协会（IFPUG）4.1 版本未调整功能点计算手册》，发布了 ISO/IEC 20926:2003。该标准提供了一种清楚详细的计算功能点的方法，并且确保计算结果的一致性；同时提供了工作指南，以及一个可以支持自动化测试的框架。

IFPUG 方法从用户对应用系统功能需求出发，对应用系统的两类功能需求进行分析，即对最终用户可见的事务功能（Transaction Function）和对最终用户不可见的数据功能（Data Function）。事务功能进一步分为 3 种子类型：外部输入（External Input，EI）、外部查询（External inQuiry，EQ）和外部输出（External Output，EO）；数据功能分为内部逻辑文件（Internal Logic File，ILF）和外部接口文件（External Interface File，EIF）。内部逻辑文件是指可由用户确认的、在应用程序内部进行维护的、逻辑上相关的数据块或控制信息，外部接口文件是指可由用户确认的、由被度量的应用程序引用但在其他应用程序内部进行维护的、逻辑上相关的数据块或控制信息，外部输入是指应用程序对来自其边界以外的数据或控制信息的基本处理，外部输出是指应用程序向其边界之外提供数据或控制信息的基本处理，这种处理逻辑中可能包含数学计算或衍生数据等。外部查询是指应用程序向其边界之外提供数据或控制信息的基本处理，与外部输出不同的是，处理逻辑中既不可以包含数学计算也不产生衍生数据，处理过程中不可以维护内部逻辑文件，也不可以改变系统行为。

IFPUG 方法规定的 5 种功能类型如图 2-1 所示，IFPUG 方法的功能点计数过程如图 2-2 所示。在 IFPUG 的功能点实践手册中，按照组件的复杂性程度分别对某个组件按若干功能点进行计算。复杂性程度分为低、中、高 3 级别。对数据功能来说，复杂性程度取决于两个因素：一是看逻辑文件所包含的数据元素类型个数（Data Element Types，DET），二是看用户可以识别的记录元素类型的个数（Record Element Types，RET）。对于事务功能，复杂性程度取决于交易时所引用的所有逻辑文件的个数（File Type Referenced，FTR），以及交易处理过程中输入/输出所涉及的数据元素类型个数。

IFPUG 中规定的各功能类型的复杂性程度确定方法分别见表 2-1～表 2-3。

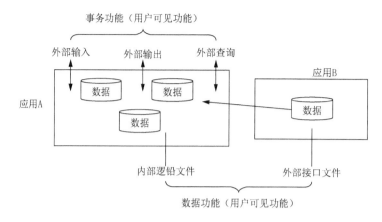

图 2-1 IFPUG 方法规定的 5 种功能类型

图 2-2 IFPUG 方法的功能点计数过程

表 2-1 内部逻辑文件（ILF）和外部接口文件（EIF）的复杂性程度级别

记录元素类型（RET）	数据元素类型（DET）		
	1～19	20～50	≥51
1	低	低	中
2～5	低	中	高
≥6	中	高	高

表 2-2 外部输入（EI）的复杂性程度级别

引用的文件类型个数（FTR）	数据元素类型（DET）		
	1～4	5～15	≥16
0～1	低	低	中
2	低	中	高
≥3	中	高	高

表 2-3 外部输出（EO）和外部查询（EQ）的复杂性程度级别

引用的文件类型个数（FTR）	数据元素类型（DET）		
	1～5	6～19	≥20
0～1	低	低	中
2～3	低	中	高
≥3	中	高	高

5 类功能按复杂性程度级别与功能点数之间的对应关系见表 2-4。

表 2-4　5 类功能按复杂性程度级别与功能点数之间的对应关系

功能类型	复杂性程度级别		
	低	中	高
ILF	×7	×10	×15
EIF	×5	×7	×10
EI	×3	×4	×6
EO	×4	×5	×7
EQ	×3	×4	×6

确定了每个组件的复杂性程度级别，然后按照 IFPUG 给出的计算方法，可以计算出该系统的未调整功能点数（UFP），即对这 5 个功能分量的加权累加：

$$UFP = \sum ILF + \sum EIF + \sum EI + \sum EO + \sum EQ \qquad (2\text{-}1)$$

为了有效反映非功能规模对规模估算的影响，IFPUG 方法使用 14 个通用系统特征修正最终估算结果，包括数据通信、分布式数据处理、性能、重度配置、处理速率、在线数据输入、最终用户使用效率、在线升级、复杂处理、可重用性、易安装性、易操作性、多场所、支持变更。根据上述 14 个通用系统特征对系统影响程度的不同分别赋予 0～5 中的某个权值，然后按以下公式对应用系统的功能点进行调整，最终得到被度量系统的功能点数：

$$FP = UFP \times VAF \qquad (2\text{-}2)$$

式中，UFP 为未调整的功能点数，VAF 为值的调整因子。

$$VAF = 0.65 + 0.01 \times [SUM(A_i)] \qquad (2\text{-}3)$$

式中，A_i 的取值范围为 0～5，因此 VAF 的取值范围为 0.65～1.35。

在适用范围方面，IFPUG 方法适用于所有项目，尤其适用于所有类型的软件开发项目和软件维护项目。

2.1.2　Mk Ⅱ 方法

1987 年，Charles Symons 针对 IFPUG 方法的一些缺点，正式提出了 Mk Ⅱ 方法，并在 1991年出版的《软件的规模和评估：Mk Ⅱ 功能点分析》中首次清晰地定义了 Mk Ⅱ 方法。之后，国际标准化组织正式发布了 ISO/IEC 20968:2002，该标准定义了 Mk Ⅱ 方法中的功能规模测量术语和活动过程。

Mk Ⅱ 方法将整个应用软件描述成一系列逻辑事务的集合，与 IFPUG 方法相比，Mk Ⅱ 方法最大的差异是减少了逻辑文件识别的主观性。Mk Ⅱ 方法的操作步骤如图 2-3 所示。

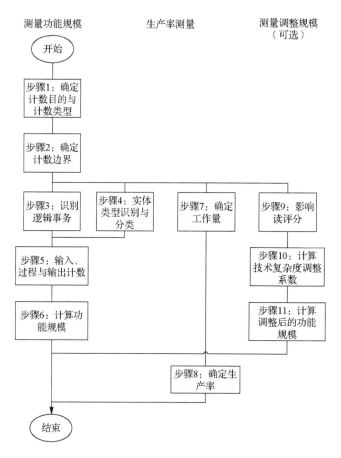

图 2-3　MkⅡ方法的操作步骤

Mk Ⅱ方法得到的功能点数是指度量输入数据元素类型的数量（N_i）、引用数据实体类型的数量（N_e）以及输出数据元素类型的数量（N_o）的加权和，即

$$FS = W_i \times \sum N_i + W_e \times \sum N_e + W_o \times \sum N_o \qquad (2\text{-}4)$$

式中，$\sum$ 表示对全部逻辑事务求和。

输入数据元素类型、引用的数据实体类型和输出数据元素类型的业界平均权重分别如下：

W_i——输入数据元素类型权重，业界平均值是 0.58；

W_e——引用的数据实体类型权重，业界平均值是 1.66；

W_o——输出数据元素类型权重，业界平均值是 0.26。

Mk Ⅱ方法共规定了 19 个技术特征，这些特征会影响应用程序的技术复杂性程度的调整。每个计数特征的值为 0～5。Mk Ⅱ方法的前 14 个技术特征和 IFPUG 的一样，另外，还增加了 5 个关于技术复杂性程度调整的特性。

基于技术特征的得分来计算 TCA，计算公式如下：

$$TCA = (TDI \times C) + 0.65 \qquad (2\text{-}5)$$

式中，

TDI ——上述 19 个（或更多个）技术特征的得分之和；

C ——业界平均值是 0.005；

TCA 的值为 0.65～1.125（对 19 个技术特征的得分，分别取最小值或最大值）。

调整后的软件功能规模的计算公式如下：

$$AS = FS \times TCA \tag{2-6}$$

式中，

AS ——调整后的软件功能规模；

FS ——软件功能规模；

TCA ——技术复杂性程度调整系数。

在可操作性方面，Mk II 方法只需进行简单的加权计算即可，操作方便，但是其对应的标准缺乏对基本元素的识别规则，在实际操作中容易出现歧义。

在适用性方面，Mk II 方法适用于所有项目，尤其是管理信息系统（MIS）类项目。

2.1.3　COSMIC 方法

不同于第一代功能点分析方法，1997 年被提出的全功能点（Full Function Point，FFP）分析方法是一种针对实时系统和嵌入式系统的功能规模测量方法，后来被通用软件度量协会继承和发展，并且得到了广泛的推广和使用。软件度量国际协会（Common Software Measurement International Consortium，COSMIC）成立于 1998 年，并在 1999 年 3 月正式发布了 COSMIC 全功能点分析方法（以下简称 COSMIC 方法）的第一个版本，此后进行了多次修正。

COSMIC 方法关注每个功能过程所引起的数据移动，数据移动是移动单个数据组的基本功能部件，数据组具有唯一、非空、无序、无冗余的数据属性，各个数据属性互相补充，分别描述了同一个关注对象某个方面的特征。这些数据移动计为功能点，软件的整体规模由这些功能点累加而成。数据移动的分类如下：进入、退出、读取、写入。进入是功能用户穿越被度量系统的边界传输数据到达系统内部，功能用户既包括人员也包括其他系统；退出是一个数据组从一个功能处理通过边界移动到达需要它的功能用户；读取是从持久性的存储设备读取数据；写入是存储数据到达持久性的存储设备。

COSMIC 方法的度量过程分以下几个步骤：FSM 目的和范围的确定、FUR 的识别、软件层的识别、功能性用户的识别、软件边界的识别、功能过程的识别、数据组的识别、数据移动的识别、数据移动的分类、功能规模的计算、FUR 变更的规模计算。

在 COSMIC 方法中，每一个有效的数据移动被看成一个 COSMIC 功能点（CFP）。在为每一个功能过程都找到其应有的所有数据移动之后，将它们累加在一起便是这个功能过程的规模，即

$$FS = (N_e \times E_{us}) + (N_x \times X_{us}) + (N_r \times R_{us}) + (N_w \times W_{us}) \tag{2-7}$$

式中，

N_e——功能规模过程中"进入"的数量；

E_{us}——进入的单元规模（=1CFP）；

N_x——功能规模过程中"退出"的数量；

X_{us}——退出的单元规模（=1CFP）；

N_r——功能规模过程中"读取"的数量；

R_{us}——读的单元规模（=1CFP）；

N_w——功能规模过程中"写入"的数量；

W_{us}——写的单元规模（=1CFP）。

在可操作性方面，COSMIC 方法很好地借鉴了 IFPUG 方法中基于规则约束的实践经验，并且计算规则简单直接，无须调整因子。同时 COSMIC 方法引入了分层模型操作的概念，对度量复杂系统有一定的合理性，但度量结果会受技术实现方案的影响。

在适用性方面，COSMIC 方法尤其适用于以数据处理为主的商务应用软件、实时系统及嵌入式系统。

2.1.4 NESMA 方法

NESMA 方法是 1989 年由荷兰软件度量协会（Netherlands Software Metrics Association，NESMA）提出的，最新版本为 2018 年发布的 2.3 版本。与之前的版本相比，2.3 版本使用高级别功能点分析（High Level Function Point Analysis）代替估算功能点计数（Estimated Function Point Count）；使用外部逻辑文件（External Logical File）代替外部接口文件（External Interface File）。

NESMA 方法与 IFPUG 方法在发展过程中相互借鉴，与 IFPUG 方法完全兼容，需要识别的功能类型及其复杂性程度的确定与 IFPUG 方法相似，其估算过程分以下 6 个步骤：

（1）收集现有文档。

（2）确定软件用户。

（3）确定估算类型。

（4）识别功能类型并确定其复杂性程度。

（5）与用户验证估算结果并进行结果校正。

（6）与功能点分析专家验证估算结果。

NESMA 方法在各功能类型的复杂性程度确定后，可用表 2-5 所列的复杂性程度矩阵来确定各组件的功能点值。

表 2-5 NESMA 方法复杂性程度矩阵

复杂性程度级别	项 目				
	ILF	EIF	EI	EO	EQ
低	7	5	3	4	3
中	10	7	4	5	4
高	15	10	6	7	6

针对 IFPUG 方法分析过程比较复杂、计算工作量大且不适用于软件项目早期规模估算的缺陷，NESMA 方法提供了 3 种类型的功能点分析方法：详细（Detailed）功能点分析方法、估算（Estimate）功能点分析方法及预估功能点分析方法。

详细功能点分析是常规的方法，步骤如下：

（1）确定每个功能的类型（ILF、EIF、EI、EO、EQ）。

（2）为每个功能测量复杂性程度级别（低、中、高）。

（3）计算整体未调整功能点。

估算功能点分析是指在确定每个功能部件（数据功能部件或事务功能部件）的复杂性程度时使用标准值：数据功能全部采用"低"级复杂性程度，事务功能全部采用"中"级复杂性程度计量。步骤如下：

（1）确定每个功能的功能类型（ILF、EIF、EI、EO、EQ）。

（2）为所有的数据功能选择"低"级复杂性程度，事务性功能选"中"级复杂性程度。

（3）计算整体未调整功能点。

该方法与详细功能点分析的唯一区别是不用为每个功能识别分配的复杂性程度，而是采用"默认值"。

预估功能点分析是指在度量时，只识别出软件需求的数据功能数量，根据经验公式得出软件规模。步骤如下：

（1）先确定数据功能的数量（ILF、EIF）。

（2）用公式 $35 \times N_{roILFs} + 15 \times N_{roEIFs}$ 直接计算未调整功能点的数量。

其中，N_{roILFs} 表示 ILF 的数量，N_{roEIFs} 表示 EIF 的数量。

估算功能点分析方法与预估功能点分析方法的计算结果，与详细功能点分析方法的计算结果有很强的相关性和一致性。在软件项目早期，选择预估功能点分析方法较好。

2.1.5 FiSMA 方法

FiSMA 方法是由芬兰软件测量协会（Finnish Software Measurement Association）组织研究并推广的方法，最新版本是 2010 年颁布的 1.1 版本，以下简称 FiSMA 1.1 方法。

FiSMA 方法借鉴了 IFPUG 方法的设计思想，但两者差异明显，与其他功能点分析方法相比较，FiSMA 方法突出了"服务"概念，不再强调"功能"概念。

FiSMA 1.1 方法对 7 个不同的基础功能模块（Base Function Components，BFC）类进行了标识：

（1）最终用户互动导航和查询服务（q）。

（2）最终用户互动输入服务（i）。

（3）最终用户非互动输出服务（o）。

（4）提供给其他应用的接口服务（t）。

（5）接收其他应用的接口服务（f）。

（6）数据存储服务（d）。

（7）算法和操纵服务（a）。

FiSMA 1.1 方法中每一个 BFC 可以再进一步被分解为多个 BFC 子类，共计 28 种子类。BFC 类及其子类组件的关系即 FiSMA 的功能服务结构如图 2-4 所示，对每个 BFC 类，在后续章节做出解释。

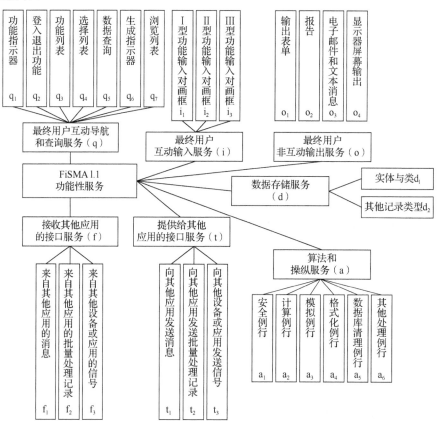

图 2-4　FiSMA 的功能服务结构

FiSMA 1.1 方法的测量过程由如下步骤组成：

（1）收集文档和软件开发产品来描述待开发或已开发完软件的功能性用户需求。

（2）确定 FSM 的范围。

（3）通过确定范围，决定使用 FiSMA 1.1 方法测量的功能性用户需求，只包括软件所执行工作和任务的用户需求。

（4）从上述两点的功能性用户需求中标识基本功能部件。主要分两部分：一是测量最终用户界面服务，二是测量间接服务。两部分中如果有一个在一段软件中不存在，那么这个测量过程只包括测量存在的服务。

（5）将 BFC 划分到合适的 BFC 子类。

（6）利用计算规则给每个 BFC 子类分配合适的数字值。

（7）计算功能规模。

（8）利用电子表格或其他软件工具可以清晰地标识 FiSMA 1.1 方法的计数详情，并记录到文档中。

在可操作性方面，FiSMA 服务类型划分较为细致，更能反映出软件的特性，但也因其繁多的分类数量，降低了本方法的操作性。

在适用性方面，FiSMA 适用于所有软件项目，但要求用户了解被度量应用的技术实现方式。

2.1.6　5 种功能点分析方法比较

从前几节可以看出，IFPUG、NESMA、Mk Ⅱ、COSMIC 和 FiSMA 这 5 种功能点分析方法的计算规则各不相同，它们之间的区别见表 2-6。

表 2-6　功能点规模度量标准的区别

度量方法	应用领域	度量角度	基本组件	组件类型	权　　重
IFPUG	所有类型软件	终端用户	5 个系统组件	外部输入（EI）	根据复杂性程度决定
				外部输出（EO）	
				外部查询（EQ）	
				内部逻辑文件（ILF）	
				外部接口文件（EIF）	
Mk Ⅱ	逻辑事务能被确定的任何软件	终端用户	逻辑事务	输入（Input）	0.58
				处理（Processing）	1.66
				输出（Output）	0.26

续表

度量方法	应用领域	度量角度	基本组件	组件类型	权　重
COSMIC	商业应用软件和实时系统	终端用户、开发者	功能过程	进入（Entry）	1
				退出（Exit）	1
				读取（Read）	1
				写入（Write）	1
NESMA	所有类型软件	终端用户	5个系统组件（详细功能点分析）	内部逻辑文件（ILF） 外部逻辑文件（EIF） 外部输入（EI） 外部输出（EO） 外部查询（EQ）	根据复杂性程度决定
			2个系统组件（预估功能点分析）	内部逻辑文件（ILF） 外部逻辑文件（EIF）	
			5个系统组件（估算功能点分析）	内部逻辑文件（ILF） 外部逻辑文件（EIF） 外部输入（EI） 外部输出（EO） 外部查询（EQ）	
FiSMA	所有类型软件	开发者	7个基础功能模块	最终用户互动导航与查询服务（q） 最终用户互动输入服务（i） 最终用户非互动输出服务（o） 提供给其他应用的接口服务（t） 接收其他应用的接口服务（f） 数据存储服务（d） 算法与操纵服务（a）	细分为28种BFC子类，7个基础功能模块类的功能规模测量采用不同的计算公式

2.2　软件非功能评估过程

2.2.1　简介

　　规模是软件的一个重要属性，是成本估算和生产率分析的重要参数，也是软件项目管理所要考虑的重要因素。软件规模测量包括功能规模测量和非功能规模测量。目前，软件行业的功能规模测量（FSM）方法，如 IFPUG、NESMA、Mk Ⅱ、COSMIC FiSMA 等是已发展较为成熟且被认定为国际标准的 5 种方法，但软件的功能规模测量并不能完全反映软件产品的全貌。随着软件越来越复杂，非功能规模测量显得尤为重要。软件人员应用非功能规模测量方法进行评估，可以按以下操作步骤：

（1）更好地对项目进行计划和估算。

（2）识别过程改进域。

（3）有助于确定未来技术发展的方向。

（4）对当前的技术影响进行量化评价。

（5）对非功能性问题提供数据支持。

- 2007 年，在意大利软件度量协会（ISMA）会议上，信息技术度量分析委员会（ITMAC）接受了 IFPUG "技术规模框架（TFS）" 项目的委托，该项目将定义度量软件开发非功能规模的指南和规则。

- 2009 年，SNAP 发布软件开发非功能规模的指南和规则的第一个草稿版本，并命名为 SNAP 评估实践手册第 0.1 版。

- 2010 年，SNAP 评估了实践手册并发布第 1.0 Beta 版本。

- 2011 年，SANP 发布了评估实践手册第 1.0 版本。

- 目前，SNAP 发布的评估实践手册的最新版本为 2017 年的第 2.4 版本。

2.2.2 评估过程

SNAP 模型包括 4 个类和 14 个子类。SNAP 中的确定类和子类的过程相当于 2.1 节功能点分析方法中确定系统边界的过程。通过一组基准，根据每个子类的类型和复杂性程度的不同来度量子类的规模大小，整个非功能需求规模就是这些子类规模之和。

软件非功能性评估可以在软件生存周期的任何一个时间段完成，应用情况见表 2-7。

表 2-7 软件非功能性评估应用于软件生存周期的情况

生存周期阶段	预 估	估 算
提案阶段	是	否
需求阶段	是	否
设计阶段	是	是
构造阶段	是	是
交付阶段	是	是
维护（自适应维护、完成式维护、预防性维护）	是	是
维护（矫正性维护）	不可用	不可用

软件非功能需求评估的具体过程如下：

（1）确定评估的目的、范围、边界、分区。

（2）关联非功能需求中的类和子类。

（3）识别 SNAP 计数单元（SNAP Counting Units，SCU）。

一个 SCU 就是一个组件、过程或活动。

（4）确定每个 SCU 的复杂性。

（5）确定每个 SCU 中的 SNAP Points（SP）。

计算 SNAP Points 是在边界层执行的，SP 是所有的 SCU 规模之和。

（6）计算非功能需求规模。

SP 是需要计算的最后一个非功能需求规模值。确定了所有子类后，通过结合软件产品的应用边界，确定整个非功能需求规模。

新开发项目的非功能需求规模的计算公式为

$$DSP = ADD$$

式中，ADD——所有子类的 SP 之和；

DSP——新开发类型项目的非功能需求规模；

ADD——传递给用户的非功能需求规模。

增强开发项目的非功能需求规模的计算公式为

$$ESP = ADD + CHG + DEL$$

式中，ESP——增强开发项目的非功能需求规模；

ADD——新增的功能需求规模；

CHG——变更的功能需求规模；

DEL——删除的功能需求规模。

计算原则：

（1）不能更改原项目已定的边界和分区。

（2）评估包括新增、修改、删除。

2.2.3 方法评价及展望

SNAP 方法参考了 IFPUG 方法中对事务功能和数据功能的判定规则形式，简单易懂。SNAP 方法是对 IFPUG 方法的补充，主要解决了 IFPUG 方法的 14 个通用系统特征系数设置的局限性，其优点主要体现在以下两个方面：

（1）IFPUG 方法的 14 个通用系统特征系数设置带有明显的主观性，计数结果的客观性和可信度较低。而 SNAP 方法进行类和子类的设置，可以对非功能规模做出相对客观的评估。

（2）IFPUG 方法的 14 个通用系统特征可用于整体软件功能规模的调整，SNAP 方法则单独对非功能规模进行直接测量，测量结果的可信度较高。

但是由于 SNAP 方法在 2011 年才对外正式发布，国内软件行业历史数据较少，所以软件组织可以参考 SNAP 非功能需求测量方法，建立适合本组织的测量模型。

2.3 软件源代码行测量方法

软件源代码行（SLOC）测量方法是以软件的源代码行数量表示软件规模。有两类源代码行测量方式：物理 SLOC 和逻辑 SLOC。物理 SLOC 是指除去注释行，以文本形式出现的程序源代码的行数；逻辑 SLOC 是指可执行语句数量，可执行语句的定义与特定计算机编程语言相关。

软件成本与源代码行数有高度的正相关性，但源代码行数量受诸多因素的影响，如编程语言、软件开发人员的水平、系统设计方案等。在软件项目早期，软件的源代码行数量通常是难以估算的，而在项目完成后，对源代码行数量如何统计往往也存在争议。例如，自动生成的代码是否计算在内，删除修改的代码如何计算等。

源代码行数量也被当作其他成本估算模型的输入参数，典型模型包括构造性成本模型（COCOMO）、系统的资源评估和评价-软件工程模型（SEER-SEM）等。

2.4 用例点估算方法

用例点（Use Case Point，UCP）估算方法是由 Gustav Karner 在 1993 年提出的，是一种在面向对象开发方法中基于用例估算项目规模及工作量的方法。这种方法是对功能点分析方法的改进，但又与功能点分析方法有着本质的不同。UCP 测量方法的基本思想是利用已经识别出的用例和执行者，根据它们的复杂性程度划分计算用例点。

UCP 测量方法主要由 4 个步骤组成：

（1）角色复杂性程度级别划分及计数。在 UCP 估算方法中，角色被划分为简单（Simple）、中等（Average）、复杂（Complex）3 个复杂性程度级别。其中，通过已定义的 API 或接口与系统进行交互的用例角色复杂性程度级别为简单，权重为 1；通过某种协议（如 TCP/IP）与系统进行交互的用例角色复杂性程度级别为中等，权重为 2；系统的最终用户（人）通过 GUI 或 Web 界面与系统交互则复杂性程度级别为复杂，权重为 3。计算未调整用例角色数（Unadjusted Actor Weight，UAW），即将每一个级别的用例角色数汇总，并乘以对应的级别权重，最后求和。

（2）用例复杂性程度级别划分及计数。基于每个用例的事务数目（不包括扩展事务）对用例复杂性程度划分为简单（Simple）、中等（Average）、复杂（Complex）3个级别。若用例事务数小于或等于3，则用例的复杂性程度级别为简单，权重为5；若用例事务数为4~7（包含4和7），则用例的复杂性程度级别为中等，权重为10；若用例事务数大于7，则用例的复杂性程度级别为复杂，权重为15。计算未调整用例权重（Unadjusted Use Case Weight，UUCW），即将每一个级别的用例汇总，并乘以对应级别权重，最终求和。

（3）计算未调整用例点数。将UAW与UUCW相加得出未调整用例点（Unadjusted Use Case Point，UUCP）数。

（4）使用技术复杂性程度因子（Technical Complex Factor，TCF）和环境复杂性程度因子（Environment Complexity Factor，ECF）调整UUCP，得出UCP。根据项目复杂性程度不同，可将TCF和ECF中每项因子赋予0~5之间的任一值。任一因子赋予的分值越高，该因子对项目的影响就越大或关联性越强。TCF和ECF因子描述及其对应的权重见表2-8和表2-9。

表2-8　技术复杂性程度因子及其对应的权重

因　子	描　　述	权　　重
T1	分布式系统	2.0
T2	响应时间/性能目标	1.0
T3	终端用户的效率	1.0
T4	内部过程的复杂性	1.0
T5	代码复用性	1.0
T6	安装的简便性	0.5
T7	使用的简便性	0.5
T8	对其他平台的可移植性	2.0
T9	系统维护	1.0
T10	并发/并行处理	1.0
T11	安全特性	1.0
T12	第三方的可达性	1.0
T13	终端用户的培训	1.0

表2-9　环境复杂性程度因子及其对应的权重

因　子	描　　述	权　　重
E1	熟悉所使用的开发过程模型	1.5
E2	应用经验	0.5
E3	团队的面向对象开发经验	1.0
E4	首席分析师的能力	0.5
E5	团队的动机	1.0
E6	需求的稳定性	2.0
E7	兼职员工	-1.0
E8	困难的编程语言	-1.0

计算 TCF：给表 2-8 中的 T1～T13 各项因子打分，再将每项因子的得分与其对应用权重相乘，最后求和得到 TCF。

计算 ECF：给表 2-9 中的 E1～E8 各项因子打分，再将每项因子的得分与其对应用权重相乘，最后求和得到 ECF。

计算软件的用例点（UCP）数：

$$UCP=TCF×ECF×UUCP \tag{2-8}$$

2.5　对象点估算方法

对象点（Object Point）估算法基于加权的概念，将不同的对象赋予对应的对象点数值并求和，以获得软件规模。它包括 3 个基本对象类型：界面、报表和组件。这 3 类对象的复杂性程度分为简单、适中、复杂 3 个级别，其复杂性程度根据界面、报表中数据源（表与视图）的数量及来源进行评估。界面和报表复杂性程度级别分别见表 2-10 和表 2-11。对象点的复杂性权重见表 2-12。把 3 类对象的点数相加，即可得到系统的对象点数。

表 2-10　界面复杂性程度级别

包含的视图数	数据表的数量和来源		
	总数< 4 （<2 服务器，<3 客户机）	总数< 8 （2～3 服务器，3～5 客户机）	总数>7 （>3 服务器，>5 客户机）
<3	简单	简单	适中
3～7	简单	适中	复杂
>8	适中	复杂	复杂

表 2-11　报表复杂性程度级别

包含的小节数	数据表的数量和来源		
	总数< 4 （<2，服务器；<2，客户机）	总数< 8（2～3，服务器； 3～5，客户机）	总数>8（>3，服务器； >5，客户机）
<3	简单	简单	适中
3～7	简单	适中	复杂
>8	适中	复杂	复杂

表 2-12　对象点的复杂性权重

对象类型	简单	适中	复杂
界面	1	2	3
报表	2	5	8
3GL 组件	—	—	10

2.6　故事点估算方法

故事点是用来表述一个用户故事、一项功能或一件工作整体大小的一种度量单位。当使用故事点进行估算时，我们为待估算的每一项设定一个数值。这个值本身的数字并不重要，重要的是这些故事点之间通过各自数值对比体现的相对大小。例如，一个被赋予 2 的用户故事，其大小应当是一个被赋予 1 的用户故事的两倍。

故事点具备以下两个关键特性：

（1）故事点是一个相对单位。例如，不同团队对于同一个用户故事的故事点估算的大小是不一致的。

（2）故事点估算不是简单地等同于工作量估算，它包含工作量、技术含量等多方面价值因素。有时，其他因素在故事点估算中占的比重会超过工作量的。

在敏捷开发中，使用故事点进行估算的典型的方法是计划扑克（Planning Poker）估算方法。另一种更新的估算方法——敏捷估算 2.0（Agile Estimating 2.0），也正被越来越多的敏捷开发团队采用。

计划扑克估算方法由 James Grenning 在 2002 年首次提出，该方法集合了专家意见（Expert Opinion）、类比（Analogy）及分解（Disaggregation）这 3 种常用的估算方法，能使团队通过一个愉快的过程快速而准确地得出估算结果。

计划扑克的参与者是团队的所有成员。采用计划扑克估算时，每个参与估算的组员都会得到一副计划扑克，每一张牌上写有一个 Fibonacci 数列的数字 （典型的计划扑克由 13 张牌组成：$?, 0, \frac{1}{2}, 1, 2, 3, 5, 8, 13, 20, 40, 100, \infty$。其中，"?"代表信息不够而无法估算，"$\infty$"代表该用户故事信息量太大）。计划扑克估算方法步骤如下：

（1）对一个用户故事进行估算时，首先由产品负责人描述这个用户故事。过程中产品负责人回答组员任何关于该用户故事的问题。展开讨论时主持人应注意控制时间与细节程度，只要团队觉得对用户故事信息已经了解足够可以进行估算了，就应当中止讨论，开始估算。

（2）所有问题都被澄清后，每一个组员从扑克中挑选他/她觉得可以表达这个用户故事大小的一张牌，但是不亮牌，也不让别的组员知道自己的分值。所有人都准备好后，主持人发口令让所有人同时亮牌，并保证每个人的估算值都可以被其他人清楚地看到。

（3）当出现很多不同分值的时候，评分最高的人和评分最低的人需要向整个团队解释评分的依据（主持人需要注意控制会议氛围，避免出现意见不一导致的攻击性言论）。所有的讨论应集中于评分者的想法是否值得团队其他成员进行更深入的思考。

（4）随后全组可以针对这些想法进行几分钟的自由讨论。讨论之后，团队进行下一轮的全组估算。一般来说，很多用户故事在进行第二轮估算的时候就能得到一个全组认可的分值，但是如果不能达到全组意见一致，那就重复地进行下一轮讨论，直到得到统一结论为止。

计划扑克估算是应用最广泛的敏捷估算方法，但是有时候计划扑克玩起来耗费比较多的时间，尤其是在 10 个人左右的团队中。为了解决这个问题，产生了 Agile Estimating 2.0 估算技术。这个新的估算技术同样基于专家意见、类比和分解，同样使用 Fibonacci 数列，但是它可以显著地缩短会议时间。该方法步骤如下：

（1）由产品负责人向团队介绍每一个用户故事，确保所有需求相关的问题都在估算前得到解决。

（2）整个团队一起参与这个游戏。只有一个简单的游戏规则：一次仅由一个人将一个用户故事卡放在白板的合适位置：规模小的故事放在左边，规模大的放在右边，同样大的竖向排成一列。整个团队轮流移动用户故事卡，直到整个团队都认同白板上的用户故事卡的排序为止。

（3）团队将故事点分配给每个用户故事（列）。最简单的做法是使用投票来决定每个用户故事分配到哪一个 Fibonacci 数字。

（4）使用不同颜色来区分影响估算大小的不同方面，并且重新考虑是否需要修改估算值。例如，使用红色表示那些无法被自动化测试脚本覆盖的用户故事，因此，那些用户故事需要一个更大的数字来容纳手工回归测试的代价。

第 3 章　《软件工程 软件开发成本度量规范》标准解读

3.1　标准概述及其结构、范围、引用文件和符合性说明

3.1.1　概述

国家标准 GB/T 36964—2018《软件工程 软件开发成本度量规范》已于 2018 年 12 月正式发布，于 2019 年 7 月正式实施。该标准规定了软件开发成本度量的方法、过程及原则，旨在帮助软件开发项目各利益相关方在成本度量方法上达成一致。本章从国家标准 GB/T 36964—2018 中节选部分章节进行详细解读，以帮助读者更好地理解及应用标准。

3.1.2　标准的结构

GB/T 36964—2018 共分 7 章和 1 个附录 A。该标准的前 5 章是关于标准的必备要素：第 1 章标准的范围，第 2 章标准中的规范性引用文件，第 3 章标准的术语和定义，第 4 章标准的缩略语，第 5 章标准中的符合性声明。

第 6～7 章是关于标准的主体内容。其中，第 6 章为软件开发成本的构成以及各个组成部分，第 7 章为软件开发成本的度量原则和过程。

附录 A 为该标准的典型应用场景。

3.1.3　标准的范围

【标准原文】

> 本标准规定了软件开发成本度量的方法及过程，包括符合性声明、软件开发成本的构成、度量过程及应用场景。
>
> 本标准适用于软件开发项目的成本估算、成本管理、合同变更以及相关合同编制。

【标准解读】

编制《软件工程 软件开发成本度量规范》的主要目的在于明确软件开发成本度量的方法及过程。因此，该标准主要内容包括符合性声明（标准应用的条件和要求）、软件开发成本的构成（什么是软件开发成本、成本估算的结果包括什么、不包括什么）、软件开发成本度量过程（应该依据什么原则、方法和步骤去估算或测量软件开发成本）、软件开发成本度量标准的应用场景（在不同的应用场景使用本标准的要点是什么）。

3.1.4 标准中的规范性引用文件

【标准原文】

> 下列文件对于本文件的应用是必不可少的。凡是注日期的引用文件，仅注日期的版本适用于本文件。凡是不注日期的引用文件，其最新版本（包括所有的修改单）适用于本文件。
>
> GB/T 18492—2001《信息技术 系统与软件完整性级别》
>
> GB/T 25000.10—2016《系统与软件工程 系统与软件质量要求和评价（SQuaRE）第 10 部分:系统与软件质量模型》
>
> SJ/T 11617—2016《软件工程 COSMIC-FFP 一种功能规模测量方法》
>
> SJ/T 11618—2016《软件工程 MKⅡ功能点分析计数实践指南》
>
> SJ/T 11619—2016《软件工程 功能规模测量 NESMA 方法》
>
> SJ/T 11620—2016《信息技术 软件和系统工程 FiSMA 1.1 功能规模测量方法》
>
> ISO/IEC 20926:2009《软件与系统工程 软件度量 IFPUG 功能规模测量方法 2009》
>
> （Software and systems engineering—Software measurement—IFPUG functional size measurement method 2009）

【标准解读】

在估算工作量时，需要考虑软件质量要求以及完整性级别对于估算结果的影响。其中，GB/T 18492—2001《信息技术 系统与软件完整性级别》定义了完整性级别相关概念以及确定完整性级别的过程要求，配合《软件工程 软件开发成本度量规范》，可用于确定完整性级别的划分以及相关调整因子的取值；GB/T 25000.10—2016《系统与软件工程 系统与软件质量要求和评价（SQuaRE）第 10 部分：系统与软件质量模型》定义了质量模型所包含的特性及子特性，配合《软件工程 软件开发成本度量规范》，可用于确定质量要求相关调整因子的选择和取值。

在软件规模估算过程中，采用 SJ/T 11617、SJ/T 11618、SJ/T 11619、SJ/T 11620 和 ISO/IEC 20926 提供的 5 种功能点度量标准，在对软件规模进行功能点度量时，标准的使用方应选择其中一种或多种参考标准中的具体方法进行度量。

3.1.5 标准中的符合性说明

【标准原文】

> 本标准在使用时应满足以下条件:
>
> a）在软件工程模式下进行开发的软件项目的成本度量;

b）不同利益相关方由于目的不同，宜采用的成本度量方法或过程会有所差异，如选用本标准进行软件成本度量时，应遵循第 7 章所建议的技术路线。

c）在进行规模估算时，应参考 SJ/T 11617—2016、SJ/T 11618—2016、SJ/T 11619—2016、SJ/T 11620—2016 和 ISO/IEC 20926:2009 的适用范围选择合适的估算方法。其中：

1）IFPUG、NESMA 和 FiSMA 方法适用于商业应用软件的功能规模测量；

2）NESMA 方法与 IFPUG 方法非常类似，但对功能点计数进行了分级，以便在估算的不同时期选择不同精度的方法进行估算；

3）COSMIC 方法适用于商业应用软件和实时系统的功能规模测量；

4）MKⅡ方法适用于逻辑事务能被确定的任何软件类型。

本标准根据软件开发生存周期过程对应用场景进行划分，典型应用场景划分如下：

a）预算；

b）招投标；

c）项目计划；

d）变更管理；

e）结算、决算、后评价。

关于上述 5 种应用场景的成本度量过程和要求详见附录 A。

【标准解读】

在不同的应用场景下，软件成本度量所采用的方法及过程会有所差异。例如，通常在项目早期，宜采用相对简单同时精度也较低的方法进行快速估算；而随着项目范围的逐步清晰，则可以采用相对精确（往往也意味着更高的使用成本）的方法进行估算。在同一场景下，也可以根据管理需要，同时采用多种方法进行估算并交差验证。

在进行软件规模估算时，通常选择标准所推荐的 5 种功能点分析方法中的一种。不同功能点分析方法的适用范围可参考各功能点标准中相关描述。

需要特别指出的是，GB/T 36964—2018 中关于不同功能点分析方法适用范围的说明与所引用标准中的表述不完全一致。例如，在 GB/T 36964—2018 中，对 IFPUG、NESMA 等标准适用范围的描述为"IFPUG、NESMA 和 FiSMA 方法适用于商业应用软件的功能规模测量"，而在电子行业标准 SJ/T11619—2016 中的相关描述为"可用于所有类型的软件项目"（IFPUG 标准存在类似问题）。考虑 GB/T 36964—2018 将相关功能点标准作为规范性引用文件，而未对功能点分析方法进行特别的定义和解释，在该标准表述与其所引用标准原文的表述存在差异时，应当以所引用标准的原文为准。

本标准介绍了预算、招投标、项目计划、变更管理、结算/决算/后评价 5 种典型的应用场景，并在后续的附录中进行了详细说明。

对打算在组织内应用标准的个人或团队而言，将这 5 种典型应用场景作为标准最佳实践，具有重要意义。上述场景仅为相关专家根据标准在行业中的应用情况总结的最典型的 5 种类型，本标准的应用不限于以上 5 种场景，相关方可在遵循本标准的基本原则和过程的基础上，结合具体需求进行应用。

3.2 软件开发成本概述及其构成

3.2.1 概述

【标准原文】

> 软件开发过程指从项目立项开始到项目完成验收之间所涉及的需求分析、概要设计、编码实现、集成测试、验收交付活动及相关的项目管理支持活动。软件开发成本仅包括软件开发过程中的所有人力成本和非人力成本之和（见图 1），不包括数据迁移和软件维护等成本。人力成本包括直接人力成本和间接人力成本，非人力成本包括直接非人力成本和间接非人力成本。本标准中所涉及工作量也仅为软件开发过程所用工作量。

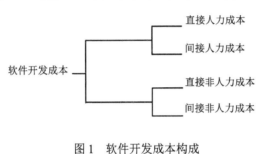

图 1 软件开发成本构成

【标准解读】

在《软件工程 软件开发成本度量规范》中，软件开发过程包括从项目立项开始到项目完成验收之间的需求分析、概要设计、编码实现、集成测试、验收交付活动及相关的项目管理支持活动，不包括数据迁移和软件维护等非软件开发活动。因此，GB/T 36964—2018 标准中关于软件开发成本仅包括开发方在软件开发过程中的各项工作任务所花费的资源总和，并且可以按照上述划分的活动或阶段进行估算。

若软件开发项目按活动划分，则主要包括需求、设计、构建、测试、实施、项目管理、配置管理、质量保证、培训。

若软件开发项目按阶段划分，则主要包括计划、需求分析、设计、编码、测试、维护。

若软件开发项目按角色划分，则主要包括项目经理、需求分析人员、设计人员、开发人员、测试人员、部署人员、用户文档编写人员、质量保证人员、配置管理人员。

数据迁移是指旧系统升级为新系统时，将其使用期间积累的大量珍贵历史数据进行清洗、转换，并装载到新系统中的过程。

软件维护是指根据用户需求和服务级别协议的承诺，向对方提供纠正性维护、适应性维护、完善性维护或预防性维护等综合服务。

3.2.2　直接人力成本

【标准原文】

> 直接人力成本包括开发方项目组成员的工资、奖金、福利等人力资源费用。其中，项目成员包括参与该项目开发过程的所有开发或支持人员，如项目经理、需求分析人员、设计人员、开发人员、测试人员、部署人员、用户文档编写人员、质量保证人员和配置管理人员等。对于非全职投入该项目开发工作的人员，按照项目工作量所占其总工作量比例折算其人力资源费用。

【标准解读】

直接人力成本是指开发方项目组成员的人力资源费用，包括工资、奖金及福利等费用。例如，除了一般意义上的工资及奖金，项目成员的正常工作餐费也计入直接人力成本。

3.2.3　间接人力成本

【标准原文】

> 间接人力成本指开发方服务于开发管理整体需求的非项目组人员的人力资源费用分摊。包括开发部门经理、项目管理办公室人员、工程过程组人员、产品规划人员、组织级质量保证人员、组织级配置管理人员、商务采购人员和IT支持人员等的工资、奖金和福利等的分摊。

【标准解读】

间接人力成本是指服务于组织整体开发活动的非项目组人员的工资、奖金及福利等费用。这些人员一般是组织级的开发管理人员，包括开发部门经理、项目管理办公室人员、工程过程组人员、产品规划人员、组织级质量保证人员、组织级配置管理人员等，他们并不承担特定项目工作，他们的费用分摊后计入间接人力成本。

3.2.4 直接非人力成本

【标准原文】

> 直接非人力成本包括:
>
> a) 办公费,即开发方为开发此项目而产生的行政办公费用,如办公用品、通信、邮寄、印刷和会议等;
>
> a) 差旅费,即开发方为开发此项目而产生的差旅费用,如交通、住宿和差旅补贴等;
>
> b) 培训费,即开发方为开发此项目而安排的特别培训产生的费用;
>
> c) 业务费,即开发方为完成此项目开发工作所需辅助活动产生的费用,如招待费、评审费和验收费等;
>
> d) 采购费,即开发方为开发此项目而需特殊采购专用资产或服务的费用,如专用设备费、专用软件费、技术协作费和专利费等;
>
> e) 其他,即未在以上项目列出但确是开发方为开发此项目所需花费的费用。

【标准解读】

直接非人力成本通常是指为特定开发项目所支出的费用。例如:

(1)项目组因封闭开发而租用会议室所产生的费用计入直接非人力成本的办公费。

(2)为解决异地客户的问题,项目成员出差是在所难免的,因出差所产生的交通、住宿、补贴等费用计入直接非人力成本的差旅费。

(3)开发方为了完成特定项目,给项目成员提供了必要的培训。这种培训是为了提升项目成员的相关技能,使之更好地完成本项目工作。因此,这部分费用计入直接非人力成本的培训费。

(4)项目开发过程中产生的一些辅助开发活动费用,如招待费、团队建设活动经费、评审费、验收费等,这些费用计入直接非人力成本的业务费。

(5)在项目开发过程中,需要独立采购特定的设备或软件而产生费用,这部分费用的支出计入直接非人力成本的采购费。

3.2.5 间接非人力成本

【标准原文】

> 间接非人力成本指开发方不为开发某个特定项目而产生,但服务于整体开发活动的非人力成本分摊。包括:开发方开发场地房租、水电和物业,开发人员日常办公费用分摊,战略、市场宣传推广、品牌建设、知识产权专利等费用分摊,以及各种开发办公设备的租赁、维修和折旧分摊等。

> 注：在编制软件项目预算、报价或结算时，除软件开发成本外，考虑开发方合理的毛利润水平是必要的。对于需要提供其他支持服务的项目或产品，还需要考虑支持活动所需的各种成本，如数据迁移费和维护费等。

【标准解读】

间接非人力成本是指服务于组织整体开发活动的非人力成本,包括开发场地租金、水电费、物业费,开发人员日常办公费用分摊,以及各种办公设备的租赁费、维修费、折旧费等。例如,

（1）开发部门日常办公用的设备及软件成本，这部分费用可以按照间接非人力成本进行分摊。

（2）开发部门办公场地的会议室租用费，可以按照间接非人力成本进行分摊。

3.3 软件开发成本度量过程

3.3.1 软件开发成本估算

3.3.1.1 基本流程

【标准原文】

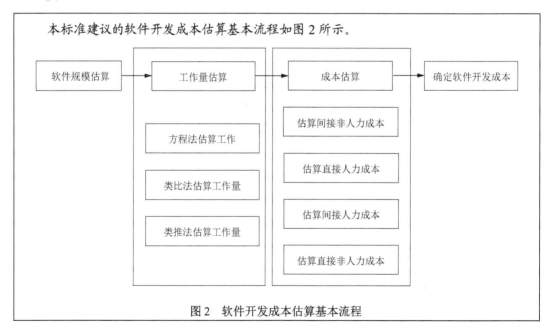

图 2 软件开发成本估算基本流程

在依据此流程进行软件开发成本估算时应考虑以下情况：

a）在需求模糊或不确定时，宜采用类比法或类推法，直接粗略估算工作量，也可直接粗略估算成本；

b）间接成本是否与工作量估算结果相关取决于间接成本分摊计算方式。

【标准解读】

软件开发过程的特殊性决定了软件开发成本的估算方法既不同于制造业产品的成本估算方法，也不同于建设项目的财务评价方法。为指导软件开发相关方进行科学统一的估算，在本标准中，软件开发成本估算过程可进一步细分为软件规模估算、工作量估算、成本估算和软件开发成本确定 4 个过程。其中，成本估算需要对直接人力成本、间接人力成本、间接非人力成本及直接非人力成本分别进行估算。

本标准中的 4 个估算过程层层递进，最终达到科学、一致的成本估算。在软件开发成本估算的每个过程中，相关人员应依据标准 GB/T 36964—2018，结合项目实际情况，选择适当的估算方法及过程。

3.3.1.2　遵循原则

【标准原文】

在进行软件的规模、工作量、成本估算时应遵循以下原则：

a）在规模估算时，应根据项目特点和需求的详细程度选择合适的估算方法；

b）充分利用基准数据，采用方程法、类比法或类推法，对工作量和成本进行估算；

c）工作量和成本的估算结果宜为一个范围值；

d）在进行成本估算时，如有明确的工期要求，应充分考虑工期对项目成本的影响，可以根据项目实际情况以及工期对项目的影响程度，对成本的估算结果进行调整；

e）成本估算过程中宜采用不同的方法分别估算并进行交叉验证。如果不同方法的估算结果产生较大差异，可采用专家评审方法确定估算结果，也可使用较简单的加权平均方法；

f）在软件项目的不同场景下（如预算、招投标、项目计划和变更管理等）采用本标准时，相关要求见附录 A。

【标准解读】

以下对软件开发成本度量各过程需要遵循的原则分别给予说明：

（1）在规模估算开始前，应根据可行性研究报告或类似文档明确项目需求及系统边界。项目需求除了包含最基本的业务需求，还应进行初步的子系统/模块划分，并对每一子系统或模块的基本用户需求进行说明，以保证可以根据项目需求进行规模预估。

（2）对于委托方和第三方，建议使用或参考行业基准数据；对于开发方，在引入行业基准数据的基础上，可逐步建立组织级基准数据库，以提高估算精度。组织级基准数据定义应与行业基准数据定义保持一致，以便与行业基准数据进行比对分析，并持续提升组织能力。

（3）依据项目特点和需求文档的详细程度不同，估算人员应选择适合的功能规模测量方法。在使用 IFPUG 方法或 NESMA 方法时，可以根据需求的详细程度和管理需要，选择预估功能点分析方法、估算功能点分析方法或者详细功能点分析方法。

（4）若当前的项目需求极其模糊或不确定，可不进行规模估算，而直接采用类比法或类推法估算工作量和成本。

（5）工作量估算时，可根据实际情况采用方程法、类比法或类推法。当需求极其模糊或不确定时，若具有高度类似的历史项目，则可直接采用类推法，充分利用历史项目数据粗略地估算工作量；当需求极其模糊或不确定时，若具有与本项目部分属性类似的一组基准数据，则可直接采用类比法，充分利用基准数据粗略地估算工作量。对规模估算已经开展的项目，可采用方程法，通过输入各项参数，确定估算项目的工作量。若客户或高层对项目的工期有明确的要求，则在采用方程法估算工作量时，工期要求有可能是方程的参数之一。

（6）为追求估算结果的准确性，建议在条件允许的情况下，可采用两种估算方法对估算结果进行交叉验证。若估算结果差别不大，则可直接使用两种估算结果的平均值或以某种估算结果为准；若估算结果差别较大，则需进行差异分析。

（7）工作量的估算结果宜为一个数值范围而不是单一的值。

3.3.1.3　软件规模估算

【标准原文】

在规模估算前，应根据项目范围明确系统边界。对于尚未确定的需求，应该在规模估算前确定估算原则。

估算人员应根据已确定的系统边界和需求描述估算软件规模。

规模估算所采用的方法，应根据项目特点和估算需求，选用已发布的 SJ/T 11617—2016、SJ/T 11618—2016、SJ/T 11619—2016、SJ/T 11620—2016 和 ISO/IEC 20926:2009 这 5 种功能规模测量标准中的一种。

注：在规模估算时，应考虑可能的需求变更程度，并利用规模调整因子对规模估算结果进行调整。

对于以非功能需求为主，或包含大量复杂算法，或以创意为主的软件项目，在进行规模估算时，可采用前 5 种方法进行功能规模的估算，并利用 GSC 调整因子进行规模调整；也可不估算软件规模，参考本标准描述的方法（如类比法和类推法）和原则直接估算软件项目的工作量及成本。

示例：假设使用 NESMA 方法进行功能点计数，应考虑不同的估算阶段和历史数据规模变更系数，调整后的规模按下式计算：

$$AS = US \times CF$$

式中，

AS ——调整后的软件规模，单位为功能点（FP）；

US ——未调整软件规模，单位为功能点（FP）；

CF ——规模变更因子，取值范围为 1.0～2.0，建议预算阶段取 2.0，招标阶段取 1.5，投标阶段取 1.26，计划阶段取 1.0

【标准解读】

（1）在软件规模估算前，应根据项目范围明确系统边界。系统边界包含如下含义：

a）用于划分系统与其他系统，特别是相邻系统关系的一种方法，将项目分割成系统内的和系统外的。系统内的属于项目创建内容，系统外的不需要创建，但需要考虑和它们之间的接口；

b）应说明哪些元素属于系统内元素，哪些元素属于系统外部环境；

c）除了能确定系统内元素，还应界定本系统对外的输入与输出，即本系统与外部环境的关系。

（2）对于尚未确定的需求，应该在规模估算前根据项目具体特点和应用场景确定估算原则。

估算人员应根据已确定的系统边界、需求描述、项目特点等，从已纳入国际或国内行业标准的以下 5 种功能规模测量标准中选择合适的标准估算软件功能规模，功能规模测量方法的详细描述见本书第 2 章。

随着软件复杂性程度越来越高，软件规模也越来越大，对于非功能需求的度量也越来越迫切。非功能需求指软件产品为满足业务需求而必须具有的且除功能需求以外的特性。非功能需求是描述软件如何实现功能而不是具备什么功能。非功能特性包括产品必须具备的质量属性和必须遵守的约束，如软件性能需求、软件安全性需求、软件可用性需求等。

非功能需求的规模比功能需求规模更加难以度量。为了有效评估非功能需求规模对项目资源代价的影响，行业内通常使用两类处理方式：宏观方式和微观方式。宏观方式即不对非功能需求规模直接度量，而是以功能需求规模为基础。通过对基准数据的细分，确定特定类型软件的因素调整因子，进而估算项目所需的工作量和成本。通过这种方式估算的结果已包含该类软件通常涉及的非功能需求对项目资源的影响。微观方式则是对非功能需求规模直接度量，一般采用两种方式：一是可以通过对功能点分析方法进行定制，定量评估非功能需求规模。例如，在金融行业，出于性能等方面的考虑，大量账务处理是通过后台批量程序定时完成的，通过对功能点分析方法适当定制，可以有效地对此类需求进行规模度量；二是引入专用的非功能需求规模测量方法（如 SNAP），此类方法针对非功能需求规模提出了明确的评估规则，但由于该方法产生较晚，相关行业实践及历史数据较少，在实际应用时，还需要开展相关分析工作，以保证和功能需求规模数据有效结合，进而获得准确的估算结果。

规模变更因子的取值可参考本标准附录 A.6。

3.3.1.4　工作量估算

1. 估算准备

【标准原文】

在进行工作量估算前，应：

a）对项目风险进行充分分析。风险分析时应考虑技术、管理、资源、商业多方面因素。例如需求变更、外部协作、时间或成本约束、人力资源、系统架构、用户接口、外购或复用以及采用新技术等。

b）对待实现功能复用情况进行分析，识别出复用的功能及可复用的程度。

c）根据经验或相关性分析结果，确定影响工作量的主要属性。

委托方应考虑的主要因素包括（但不限于）：

1）软件规模；

2）应用领域，如委托方组织类型、软件业务领域、软件应用类型等；

3）软件的完整性级别，软件完整性级别是系统完整性级别在包含软件部件，或（仅）包含软件部件，或（仅）包含软件部件的子系统上的分配。软件完整性级别分为A、B、C、D 四个等级，确定的方法见 GB/T 18492—2001 中第 7 章。

4）质量要求，如可靠性、可使用性、效率、可维护性和可移植性。系统与软件质量特性相关的要求见 GB/T 25000.10—2016；

5）工期要求，如工期要求的合理性，紧迫度等。

开发方除考虑以上因素外，还应考虑的因素包括（但不限于）：

1）采用技术，如开发平台、编程语言、系统架构和操作系统等；

2）开发团队，如开发方的组织类型、团队规模和人员能力等；

3）过程能力，如开发方的过程成熟度水平和管理要求等；

d）选择合适的工作量估算方法。对于难以进行规模估算的项目，宜采用类比法或类推法；对于已经进行了规模估算的项目，宜采用方程法[2]。

注：不同企业可依据实际情况对调整因子以及调整因子的参数范围进行自定义。

【标准解读】

估算准备：工作量是很多开发组织都要进行估算的主要对象。在本标准中，工作量所表达的含义是完成某个项目或系统开发所需的全部工作量，包括从项目立项开始到项目完成验收之间开发方的需求、设计、构建（包括编码、集成）、测试、实施，以及相关的项目管理、支持活动的工作量。

---

[2] 在标准原文中第 d）项被归于开发考虑因素的第 4 项，属于标准排版错误，此处予以纠正。

需求活动：包括需求调研、需求分析、原型开发、编制各种需求文档、需求评审、需求变更等活动。

设计活动：包括架构设计、技术方案选择、概要设计、详细设计、设计评审、设计变更等活动。

构建活动：包括编码、代码走查、集成等活动。

测试活动：包括测试计划、测试用例编写、测试用例评审、测试用例变更、测试环境准备及验证、单元测试、集成测试、系统测试等活动。

实施活动：包括用户支持文档编写及验证、验收测试、系统安装部署、用户培训等活动。

其他活动：在上述活动中没有包含的项目中的其他活动，如项目管理、质量保证、配置管理、项目组内部培训、技术讨论及交流等活动。

在标准 GB/T 36964—2018 中，已明确指出项目成员包括参与该项目开发过程的所有开发人员或支持人员，如项目经理、需求分析人员、设计人员、开发人员、测试人员、部署人员、用户文档编写人员、质量保证人员、配置管理人员等。此处需要注意的是，项目组成员包括该项目的质量保证（QA）及配置管理人员，但不包括客户或用户。因此，项目组工作量的统计也不包括客户、用户或其他项目组外人员的工作量。

进行工作量的估算，是估算软件成本的基础。工作量与软件成本存在直接的联系。同时，开发组织内部也需要合理的工作量估算来进行项目计划，编制工作分解结构（WBS）等工作。

在进行工作量估算前，应从以下几个方面进行准备。

（1）风险分析。

风险分析是项目管理中的重要活动，其目的在于协助项目开发组织识别项目运行过程中的潜在问题，并提前采取措施。项目的风险可能来自许多方面，一般建议从技术、管理、资源、商业等方面进行考虑。在工作量估算前进行风险分析，旨在使用风险分析所得结果对工作量估算的结果进行适当的调整。

技术风险：指软件在设计、实现、接口、验证和维护过程中可能发生的潜在问题，如需求规格说明的二义性、采用陈旧或不成熟的技术等因素对软件开发项目带来的危害。

管理风险：指项目管理周期中因需求、合同、进度、流程、沟通、协作等因素威胁项目顺利进行的风险。

资源风险：指由于项目在预算、人员、资源等方面的原因对软件开发项目产生的不良影响。

商业风险：指与市场、企业产品策略等因素有关的风险。

一般的风险管理方法中，通常使用风险发生概率与风险影响程度的乘积作为风险系数，便于开展风险管理。在进行工作量估算前，同样可以使用该方法获得风险系数，从而对工作量进行调整。

例如，采用方程法进行工作量的估算，可在方程中设置反映风险分析结果的参数，根据风险分析的结果对参数进行调整，从而影响工作量估算的结果；采用类推法进行工作量的估算，在找到高度相似的历史项目估算工作量时，也应根据风险分析的结果对估算结果进行适度的调整。

（2）复用程度分析。

在现代的软件开发过程中，软件复用是避免重复劳动的良好解决方案。其出发点是软件开发不再采用一切从零开始的模式，而是以已有的工作为基础，充分利用过去软件开发中积累的知识和经验，如需求分析结果、设计方案、源代码、测试计划及案例等。

为了提高软件开发的效率和质量，现在大部分软件企业都已将某些通用功能转化为可重用功能，或者原开发组织具备某方面项目的开发经验，遗留下了可复用的组件，这些情况都可能减少软件开发所需的工作量。

对复用情况的分析原则，可以考虑从系统功能的复用程度入手，结合功能点分析方法，对每个逻辑文件的复用程度给出明确的定义和系数。应用在规模估算之后，在未调整规模的基础上进行复用程度的调整，从而间接实现对工作量的调整。

如何判断复用程度，可以根据企业的实际情况，定义适合本组织的复用程度。表 3-1 和表 3-2 为逻辑文件复用程度定义示例。

表 3-1 ILF 复用调整因子

判断条件	数　值
现有产品中没有处理这类数据	3/3
现有产品处理过这些数据，但所提供的 EI/EO/EQ 与需求有一定差异	2/3
现有产品处理过这些数据，所提供的 EI/EO/EQ 完全达到或超过需求	1/3

表 3-2 EIF 复用调整因子

判断条件	数　值
现有产品从未引用过类似数据	3/3
现有产品曾引用过类似数据，但引用方式有较大差异	2/3
现有产品曾采用相同方式引用过类似数据	1/3

从组织实际应用的角度出发，可以定义更多级别的复杂性程度，但需要考虑在判断复杂性程度方面付出的成本。

（3）软件因素和开发因素分析。

软件因素可理解为待开发软件或系统本身所具有的特性，是客观存在的，不会随着不同的开发者而不同。可被直观地识别，也可通过某些方法被识别。对于待开发软件或系统，这些特性更多地表现为一种约束，任何开发者在进行开发时，都必须将软件因素作为一种约束条件考虑在内。

典型的软件因素如下。

① 规模：可以通过功能点分析方法来进行估算，并根据历史数据分析规模对项目生产率的影响。虽然传统的估算理论及模型认为随着项目规模的增加，项目复杂性程度变大，导致生产效率有所降低。但依据行业基准数据库（CSBMK-201809）[3]对国内外数据的分析结果，在通常的商业应用开发中（规模介于 100～10000FP 之间），项目生产率会随着系统规模的增加而缓慢提高。

② 应用领域：主要对委托方而言，其组织类型（政府、银行、大型企业等）、待开发项目的业务领域（金融、政务、生产制造等）、应用类型（OA、ERP、MIS 等）等都是可以直观识别的软件属性。

③ 完整性级别：标准 GB/T 18492—2001 中的示例将完整性级别划分为 A、B、C、D 4 个等级，建议取值范围为 1.0～1.8。用户可根据实际情况进行调整，完整性级别越高，其值越大。

④ 质量要求：如可靠性、易用性、性能效率、可维护性和可移植性。系统与软件质量特性相关的要求见 GB/T 25000.10—2016，具体调整因子的取值应参照相关基准数据。开发组织应特别注意明确委托方对质量的需求，并将其作为工作量调整的重要考虑因素。

⑤ 项目工期：项目工期是根据工作量估算结果、客户期望、项目人力和物力资源情况列出项目活动所需要的工期，估算工期时应该遵循"符合实际、有效实施和保证质量"三大原则。根据工作量估算结果和资源情况，对工作任务进行分解并编制工作时间表。在编制工作时间表时，应充分考虑关键路径任务约束对工期的影响，如用户参与需求沟通活动的资源投入情况、委托方对试运行周期的要求等。

⑥ 开发因素更多地是由开发团队的特性决定的。不同的开发团队因自身特点不同，在完成同样的软件项目时，所消耗的工作量也不相同。一般常见的开发因素有以下 4 种。

- 采用技术：开发该系统所用的语言、开发平台、系统架构、操作系统等。
- 开发团队：开发方的组织类型、团队规模、个人能力等。
- 过程能力：开发方的成熟度（如所具备的 CMMI 成熟度）、管理要求等。
- 特殊约束：关键路径上提供的特殊设备或者接口，特别的工期要求等。

（4）估算方法的选择。

估算方法主要指类比法、类推法、方程法。一般情况下，估算工作量应把规模估算的结果作为输入，然后采取方程法进行估算。但在一些特殊情况下，例如，因需求非常模糊导致无法进行规模估算时，可直接采用类比法或类推法直接估算工作量。在本标准中没有特别提及经验法的使用，并不意味着不建议读者使用经验法（事实上，几乎所有的软件项目都离不开经验法），而主要是因为经验法更多地基于相关人员的经验和能力，没有过多需要在规范中进行约束的内容。

---

[3] 注：有关行业基准数据库（CSBMK-201809）相关内容见本书附录 A.

2. 估算与调整

【标准原文】

在进行工作量估算时,应:

a) 根据风险分析结果,对估算方法或模型合理调整。如调整估算模型中影响因子的权重或取值,或根据风险分析结果进行软件完整性级别定义并根据完整性级别调整工作量估算结果;

b) 根据可复用的规模及可复用程度对工作量估算进行调整;

c) 采用不同的工作量估算方法时,分别遵循以下原则:

1) 在使用类推法时,参考的历史项目应和待估算项目有高度的相似性。在估算时应识别出待估算项目与参考历史项目的主要差异并对估算结果进行适当调整;

2) 在使用类比法时,应根据主要项目属性对基准数据进行筛选;当用于比对的项目数量过少时,宜按照不同项目属性分别筛选比对,综合考虑工作量估算结果;

3) 在使用方程法时,宜基于基准数据,并采用回归分析方法,建立回归方程。可根据完整的多元方程(包含所有工作量影响因子),直接计算出估算结果;也可根据较简单的方程(包含部分工作量影响因子),计算出初步的工作量估算结果,再根据其他调整因子,对工作量估算结果进行调整。

宜采用不同的方法分别估算工作量并进行交叉验证。如果不同方法的估算结果产生较大差异,可采用专家评审方法确定估算结果,也可使用较简单的加权平均方法。

在估算工作量时,宜给出估算结果的范围而不是单一的值(例如,可采用基准比对方法,根据基准数据库中 25 百分位数、50 百分位数和 75 百分位数的生产率数值,分别计算出工作量估算的合理范围与最有可能值)。

示例:

假设基于基准数据建立的回归方程为

$$UE = C \times S^a$$

式中,

UE——未调整工作量,单位为人时(p·h);

C——生产率调整因子,单位为人时/功能点(p·h/FP);

S——软件功能规模,单位为功能点(FP);

a——基于基准数据计算出的软件规模调整系数。本示例中假设取值0.9。

假设根据相关性分析和经验确定调整后工作量计算公式为

$$AE = UE \times A \times IL \times L \times T$$

式中,

AE——调整后工作量,单位为人时(p·h);

A——应用领域调整因子,取值范围为 0.8~1.2;

IL——软件完整性级别，取值范围为 1.0～1.8；（假设根据行业历史数据计算的软件完整性各级别参考取值，A 级：1.6～1.8，B 级：1.3～1.5，C 级：1.1～1.2，D 级：1.0）；

　　L——开发语言调整因子，取值范围为 0.8～1.2；

　　T——最大团队规模调整因子，取值范围为 0.8～1.2。

假设待估算项目的规模为 1000FP，参考基准数据的生产率 25 百分位数、50 百分位数和 75 百分位数，它们对应的 C 值分别为 8p·h/FP、10p·h/FP、14p·h/FP，则计算出未调整工作量合理范围介于 4009.50p·h 与 7016.62p·h 之间，未调整工作量最有可能值为 5011.87p·h。

假设根据参数表确定应用领域调整因子取值 1，开发语言调整因子取值 0.8，最大团队规模调整因子取值 1.1，则计算出调整后工作量合理范围介于 3528.36p·h 与 6174.63p·h 之间，调整后工作量最大可能值为 4410.45p·h。

因项目变化导致需要重新进行工作量估算时，应根据该变化的影响范围对工作量估算方法及估算结果进行合理调整[4]。

【标准解读】

风险分析：

在估算工作量时，应首先考虑风险分析的结果。通过风险分析的结果，对工作量估算模型中的因子设置不同的权重和取值。也可以通过风险分析，获得关于软件完整性级别的定义。关于软件完整性级别的描述和定义，可参考 GB/T 18492—2001《信息技术　系统及软件完整性级别》。

调整复用程度：

在对整个工作量估算模型进行调整之后，需要针对复用程度对工作量进行调整。这种调整建议在做了规模估算之后进行。例如，在用快速功能点分析方法（方法介绍详见附录 D）估算出内部逻辑文件和外部接口文件之后，可以考虑针对每个逻辑文件分析其复用程度，然后对逻辑文件的功能点数进行调整。这种调整虽然只是调整了功能点数，但其实质目的还是为了调整工作量。针对每一个逻辑文件进行调整，可以更好地反映出不同功能的复用程度对于整体工作量的影响。

类推法：

属于以"估"为主的方法。将待评估项目与过去的一个或多个项目进行比较推算，确定特别相似或不同的地方，最后基于这种差异对实际工作量进行调整。

采用类推法时应注意，所选择的历史项目与待评估项目一定是高度相似的，历史数据尽量选择本组织内的数据，并且一定要对差异之处进行调整。虽然类推法是迄今为止理论上最可靠的估算方法，但是，由于它是以"估"为主，脱离不了评估人员的主观性，所以估算结果也是经常产生极大偏差。

---

[4] 标准原文中上面这段内容采用和示例相同的字体，应为排版错误，此段为正文，特此纠正。

示例如下。

项目描述：为政府部门甲新开发一办公自动化（OA）系统，以支持其网上办公、文档流转等电子政务需求。

历史项目情况：为政府部门乙开发过类似系统，部门甲、乙对功能要求有所差别，但项目规模、难度、质量要求等差异不大。

参考项目数据如下：开发总工期为 4.92 个月，总工作量为 4625 人时。其中，项目策划阶段的工作量为 78 人时，需求阶段的工作量为 555 人时，设计阶段的工作量为 694 人时，构建阶段的工作量为 1619 人时，测试阶段的工作量为 922 人时，移交阶段的工作量为 757 人时。

估算工作量：考虑到该项目可将为部门乙开发的系统作为原型了解客户需求，假设需求分析阶段可减少约 1/3 工作量，则预计项目工作量=78+555×2/3+694+1619+922+757=4440（人时）。

类比法：

属于以"算"为主的方法。当待评估项目与已完成项目在某些项目属性上（如应用领域、系统规模、复杂性程度、开发团队经验等）相类似时，可使用类比法。它是基于大量历史项目样本数据来确定目标项目预测值的。

采用类比法时应注意，当供选择的样本数量不足时，可以通过选择单个项目属性进行筛选比对，根据比对结果进行工作量的综合调整。

示例如下。

项目描述：为政府部门甲新开发一个 OA 系统，以支持其网上办公、文档流转等电子政务需求。

主要属性识别：可以识别出项目的 3 个主要属性是开发类型、业务领域和应用类型，分别为"新开发""政府""OA"。

筛选比对：假设查询行业基准数据库后发现，同时符合 3 个筛选条件的项目只有 5 个，数量过少。因此，选择单一属性分别比对，获得如表 3-3 所示的工作量数据查询结果。

表 3-3　不同属性工作量比对（单位为人时）

属　　性	项目数量	P10	P25	P50	P75	P90
新开发	105	1005	1983	5892	12406	98727
政府	52	892	2416	4713	9319	43658
OA	34	576	2025	5128	7144	21990

估算工作量：该项目所需工作量的最可能值为（5892+4713+5128）/3，即 5244 人时。工作量估算的合理范围大致为 2141～9623 人时（上、下限值分别采用 P25 和 P75 的值进行计算）。

方程法：

采用方程法估算工作量时，应根据开发组织的实际情况进行回归分析，建立回归方程。关于回归分析的方法，可参考其他章节中关于回归分析的介绍。可将所有影响因子都考虑在内建立多元方程，也可以先根据部分影响因子算出初步结果，再对结果进行调整。

行业级模型示例如下。

行业级模型：
$$AE=(S×PDR)×SWF×RDF \tag{3-1}$$

式中，

AE——调整后工作量，单位为人时；

S——软件功能规模，单位为功能点；

PDR——生产率，单位为人时/功能点；

SWF——软件因素调整因子；

RDF——开发因素调整因子。

基准比对：

基准比对描述了组织在发展中某一时刻的过程状态，类似一张"体检表"，指明组织在发展中的优劣。实施基准比对的组织可以依据这张"体检表"进行有针对性的改进，并通过持续的比对，从客观上验证组织所选取的度量体系或过程改进方案是否有效。

基准比对的核心价值在于帮助相关组织找到"真正的问题"和"现实的方法"，并全面评价改进效果。在基准比对过程中，通常遵循以下原则或要求。

（1）应对数据进行必要的审核及可信度评价，以保证数据质量。

（2）应对数据进行必要的规格化处理，以保证数据库的可比性。

（3）剔除低可信度数据，并计算相关指标的各主要百分位数分布。其中，百分位数的定义如下：在某实数集合中，对于集合内某元素 X，如果该集合中有且仅有 $p\%$ 的数据不大于 X，则称 X 为该集合的 p 百分位数。

示例如下。

在 100 个样本中，从小到大排在第 50 位的数字就称为第 50 百分位数，记为 P50。常用的百分位数包括 P10、P25、P50、P75、P90 等，如图 3-1 所示。

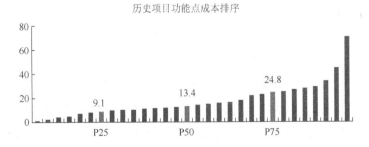

图 3-1　百分位数排序样例

软件及软件相关活动的基准比对可采用如下几种形式。

（1）外部基准比对。持续度量和比对业界的领袖组织，从而获得信息帮助组织采取行动，以提高组织过程能力。

（2）内部横向比对。可用于组织内部，允许组织内的不同部门之间进行比较。

（3）内部纵向比对。可比较组织内部各团队能力的变化情况。

基准比对方法是将组织开发的各方面状况和环节与竞争对手或行业内外一流的企业进行比对分析的过程，是一种评价本组织及项目和研究其他组织的手段，是将外部组织的持久业绩作为自身企业的内部发展目标，并将外界的最佳做法移植到本组织的产品开发环节中去的一种方法。还可以将本组织各项活动与从事该项活动的业界最佳者进行定量和定性比较，从而发现自己的劣势并提出有针对性的改进方案，以弥补自身的不足，不断地改进过程。

交叉验证：

建议多人采取不同的估算方法分别进行工作量的估算，并对结果进行分析。不同的估算方法也可以包括同样适用的方程法，但是必须使用不同的数学方程分别进行估算。当不同的估算者获得自己的估算结果之后，应对结果进行分析。如果差距在可以接受的范围内，则无须进一步分析原因，可直接以平均值作为估算结果。如果不同估算者的结果差距过大，则需要进一步分析差距产生的原因，调查进行估算的假设条件是否存在问题。在对差距原因进行分析的基础上，可使用专家评审法确定结果，也可以使用简单的加权平均方法获得估算结果。

工作量估算的结果：工作量估算的结果受到各种因素影响，很难得到一个固定的值，进行工作量估算的主要目的，更多的是了解待开发系统在功能规模一定的情况下可能的工作量水平。因此，工作量估算的结果一般以一个范围的形式呈现，表示出工作量的最可能值，以及合理的范围。可参考统计方法中的百分位法，以 P50 表示最可能值，以 P25、P75 表示合理范围的下限值和上限值。采用类比法的时候，可以直接取得相应的值。若使用方程法，则需要在基准数据中选择生产率 P50（有 50%的数据不大于该值）、生产率 P25（有 25%的数据不大于该值）、生产率 P75（有 75%的数据不大于该值）3 个值。然后，以功能点数分别乘以这 3 个值，即可得到工作量的范围。

$$功能点数×生产率 P25=下限值 \tag{3-2}$$

$$功能点数×生产率 P50=最可能值 \tag{3-3}$$

$$功能点数×生产率 P75=上限值 \tag{3-4}$$

工作量估算的结果是建立项目目标及承诺的基础。在实际的项目过程中，应根据项目特点及约束条件选择合适的估算结果。例如，在制定项目预算时，若为了保证项目有充足的预算以按时按质交付，则可依据估算结果的上限编制预算；而在编制项目计划时，可以依据估算结果的最可能值。

3.3.1.5　成本估算

1. 直接人力成本估算

【标准原文】

应根据工作量估算结果和项目人员直接人力成本费率估算直接人力成本。直接人力成本费率是指每人月的直接人力成本金额，单位通常为元/人月。直接人力成本的计算宜采用以下两种方式之一：

a）根据不同类别人员的直接人力成本费率和估算工作量分别计算每类人员的直接人力成本，将各类人员的直接人力成本相加得到该项目的直接人力成本；

b）根据项目平均直接人力成本费率和估算的总工作量直接计算该项目的直接人力成本。

直接人力成本的计算如式（1）所示：

$$DHC = \sum_{i=1}^{n}(E_i \times IF_i) \tag{1}$$

式中，

DHC——直接人力成本，单位为元；

n——人员类别数量，其值为不小于 1 的自然数；

E_i——第 i 类人员的工作量，单位为人月；

IF_i——第 i 类人员的直接人力成本费率，单位为元/（人月）。

在估算项目直接人力成本费率时，应考虑不同地域人员成本的差异。委托方可参照同类项目的直接人力成本费率数据；开发方应优先使用本组织的直接人力成本费率数据。

【标准解读】

通常在早期估算时，可根据平均人力成本费率确定人力成本。平均人力成本费率受物价指数、行业、人力资源供给状况、企业所在地、工作性质、人员级别等因素影响，可根据不同角色进行估算。一般情况下，总体架构师的高于需求分析师的，需求分析师的高于编程工程师的，而同种角色会有多个人员级别设置，级别越高，平均人力成本费率越高。

2. 间接人力成本估算

【标准原文】

按照第 6 章分项估算间接人力成本。间接人力成本宜按照工作量比例进行分摊。

示例：质量保证部门的质量保证人员甲负责组织级质量保证工作和 3 个项目（A、B、C）的项目级质量保证工作。其中，用于项目 A、B、C 的工作量各占总工作量的 1/4，用于组织级质量保证工作和其他工作的工作量占其总工作量的 1/4；同时，项目 A 的开发总工作量占该组织所有开发项目总工作量的 1/3，则质量保证人员甲的人力资源费用中，1/4 计入项目 A 的直接人力成本，1/12（占质量保证工程师甲 1/4 的组织级质量保证工作和其他工作中，只有 1/3 计入项目 A 的成本）计入项目 A 的间接人力成本。

【标准解读】

间接人力成本一般按人工投入比例进行分摊，也可根据公司情况确定不同的分摊方式。例如，按部门粗略分摊等。

3. 直接非人力成本估算

【标准原文】

按照第 6 章分项估算直接非人力成本，也可依据基准数据或经验估算。

示例 1：项目成员因项目加班而产生的餐费宜计入直接非人力成本中的办公费，而项目成员的工作午餐费宜计入直接人力成本。

示例 2：项目组封闭开发租用会议室而产生的费用宜计入直接非人力成本中的办公费，而开发部例会租用会议室产生的费用宜按照间接非人力成本进行分摊。

示例 3：为项目采购专用测试软件的成本宜计入直接非人力成本中的采购费，而日常办公类软件的成本宜按照间接非人力成本进行分摊。

【标准解读】

直接非人力成本通常与工作量没有关系，有些项目的直接非人力成本小到可忽略不计，有些项目的直接非人力成本占比较大，需根据项目实际情况进行估算。例如，项目在异地开发，则人员的差旅费会较多。

4. 间接非人力成本估算

【标准原文】

宜根据项目情况，按照第 6 章分项估算间接非人力成本。间接非人力成本宜按照工作量比例进行分摊。

示例：公司甲有员工 200 人，1 年的房屋租赁费为人民币 120 万元，则每人每月的房租分摊为 500 元，如果项目 A 的总工作量为 100 人月，则分摊到项目 A 的房屋租赁费为人民币 5 万元，即 100 人月 × 500 元/（人月）。

【标准解读】

间接非人力成本一般按人工投入工作量进行分摊，也可根据公司情况确定不同的分摊方式。例如，按部门粗略分摊等。

3.3.1.6　确定软件开发成本

【标准原文】

进行软件成本测量的目的是对项目的实际规模、工作量以及成本数据进行收集和分析，以用于后续进行成本估算模型的校正或持续改进成本度量过程[5]。

软件开发成本的计算如式（2）所示：

$$SDC=DHC+DNC+IHC+INC \tag{2}$$

式中，

SDC——软件开发成本，单位为元；

DHC——直接人力成本，单位为元；

DNC——直接非人力成本，单位为元；

IHC——间接人力成本，单位为元；

INC——间接非人力成本，单位为元。

在估算软件开发成本时，可根据直接人力成本费率估算人力成本费率（每人每月直接人力成本与分摊到每人月的间接成本之和），计算如式（3）所示：

$$F = IF \times (1 + DP) \tag{3}$$

式中，

F ——人力成本费率，单位为元/（人月）；

IF ——直接人力成本费率，单位为元/（人月）；

DP ——间接成本系数，即分摊到每人每月的间接成本占每人每月直接人力成本的比例。

委托方和第三方宜参照行业基准数据确定 DP 的值。

如果已经获得了人力成本费率，则可以依据工作量估算结果和人力成本费率直接计算出直接人力成本和间接成本的总和，然后再计算软件开发成本，计算如式（4）所示：

$$SDC = \sum_{i=1}^{n}(E_i \times F_i) + DNC \tag{4}$$

式中，

SDC——软件开发成本，单位为元；

n ——人员类别数量，其值为不小于 1 的自然数；

E_i ——第 i 类人员的工作量，单位为人月；

F_i ——第 i 类人员的人力成本费率，单位为元/（人月）；

DNC——直接非人力成本，单位为元。

委托方可根据行业基准数据确定每人每月直接人力成本与分摊到每人每月的间接成本的比例，进而估算人力成本费率。

---

[5] 从上下文看，此句属于软件开发成本测量一节，应在 3.3.2.1 中进行表述。

对于委托方，如果已经确定了规模综合单价，则可以根据规模综合单价和估算出的规模直接计算出直接人力成本和间接成本的总和，然后计算软件开发成本，计算如式（5）所示：

$$SDC = P \times S + DNC \qquad (5)$$

式中，

SDC——软件开发成本，单位为元；

P ——规模综合单价，单位为元/功能点（元/FP）；

S ——软件功能规模，单位为功能点（FP）；

DNC——直接非人力成本，单位为元。

【标准解读】

通常采用以下3种方法确定软件的开发成本：

（1）先分别计算直接人力成本、直接非人力成本、间接人力成本、间接非人力成本，然后求和就可计算出软件开发成本。

（2）依据工作量估算结果和平均人力成本费率，直接计算出直接人力成本和间接成本的总和，再加直接非人力成本就可计算出软件开发成本。

对于委托方，也可利用不含毛利润的开发方人力成本费率（只包含直接人力成本和间接成本）估算软件的开发成本，再根据开发方的毛利润水平，确定预算费用。

（3）依据规模估算结果和规模综合单价，计算出直接人力成本和间接成本的总和，再加直接非人力成本就可计算出软件开发成本。

在实际应用中多采用第二种或第三种方法确定软件的开发成本，如果委托方和开发方对规模估算方法有一致认可，且均能熟练掌握，可采用第三种方法。该方法更能适应项目范围存在较大变更概率的项目，可支撑委托方的费用预算审批，也可保护开发方的利益。此时，规模估算结果必须作为附件提交。例如，采用功能点分析方法进行规模估算的项目，在上报预算时还应附上功能清单及对应功能点数。

上报预算时应依据规模、工作量、成本、预算金额的估算结果，并考虑此类项目的特殊因素。例如，对于质量、进度要求较高的项目，为了确保项目成功可按照预算金额的上限值上报预算。如无特殊情况，不应以低于预算金额的下限值或高于预算金额的上限值的上报预算。

3.3.2　软件开发成本测量

3.3.2.1　规模和工作量测量

【标准原文】

在项目开发过程中和项目结束后，应对项目的实际规模和工作量进行测量。

在以下时机宜对规模进行测量：

c）需求完成；

d）设计完成；

e）编码完成；

f）内部测试完成；

g）项目结束后。

规模测量方法宜与规模估算所采用的方法一致。

应定期或事件驱动地对项目工作量进行测量。

工作量测量方法宜与工作量估算所采用的方法一致。除对总工作量进行测量外，还宜对项目不同活动、不同阶段的工作量分别进行测量。

> 注："工作量测量方法宜与工作量估算所采用的方法一致"应是修订后期笔误。原标准中所提"规模估算测量方法宜与规模估算所采用的方法一致"是指如果规模估算采用某种功能点分析方法（如 COSMIC），则规模测量时也应采用该方法。而对于工作量测量，通常是直接采集实际的工作量数据（如统计报工数据），不太可能与估算方法一致。

【标准解读】

从软件开发成本度量的角度来看，在完成了对软件项目的规模、工作量和成本的估算后，并不意味着软件成本度量工作的结束。在整个软件项目的生存周期中，还需要持续不断地对软件成本进行测量和分析。这些测量和分析的工作，不仅仅是单个软件项目成功的关键因素，也是软件组织开发能力提升的基础。

因此，在软件项目完成规模、工作量估算之后，为满足项目计划和监管要求，在项目过程中应该对实际规模、工作量进行测量；项目结束之后也需要测量项目的实际规模、工作量。

规模测量：

软件项目的规模一般会随着需求的逐渐清晰而不断明确，规模测量的时间点可以在软件项目的里程碑点进行。常见的项目里程碑点如下：

（1）需求完成。需求调研和分析完成，形成基线化的需求文档。需求完成后，功能规模理论上已确定，但考虑到实际的需求文档质量，可能要在设计完成后才可以进行详细功能点计数。

（2）设计完成。设计人员根据用户需求文档，完成设计文档并形成基线，以便提交开发人员进行编码开发。

（3）编码完成。开发人员根据设计完成编码。

（4）内部测试完成。一般可选择系统测试完成时。

（5）项目结束后。系统上线并通过试运行，或通过用户验收测试等活动，得到用户可以结项的确认之后。

在各个里程碑点进行规模测量时，所采用的方法建议与规模估算所采用的方法一致。如规模估算阶段采用 IFPUG 方法，则后续各个里程碑点进行规模测量时，也应采用 IFPUG 方法。

此外，除了上述项目里程碑点之外，当项目发生正式的需求变更时，也有必要对规模进行测量。测量结果既是变更评估的依据，也将是之后项目计划调整的输入。

工作量测量：

在项目的规模发生变化的情况下，典型情况如发生需求变更后，毫无疑问要对工作量进行测量，以保证规模变化之后工作量的准确性。

很多项目，在软件规模不发生大的变化的情况下，项目在具体执行过程中的工作量仍可能受到技术和人员等多方面的影响。例如，一个软件在开发过程中遇到重大技术问题需要攻克，即便软件规模本身没有大的变化，仍需要对工作量进行调整。

由于工作量受影响的因素较多，因此需要较为频繁地对实际工作量进行测量。一般来说，可以按下述两种时间点对工作量进行测量：

（1）定期。随着项目的进行，可定期对工作量进行测量，常见的频率为每周、每半月或每月。如项目管理过程中本身有定期的报告制度，如项目周报、月报等，可随项目报告的周期进行工作量的测量。其测量的结果也会对项目报告，以及后续项目计划造成影响。

（2）事件驱动。除了定期地对工作量进行测量，如在项目过程中出现较为重大的事件，也应随着事件的发生而对工作量进行重新测量。需求变更之后的工作量测量就是典型的事件驱动。除此之外，如上文提到的例子，在软件开发过程中突遇重大技术问题，可能需要投入人力加以解决，势必对工作量造成影响，需要重新测量工作量。

此外，除了需要对项目总体的工作量进行测量，宜对项目的不同活动、不同阶段的工作量分别进行测量。例如，对不同类型的活动如需求活动、设计活动、开发活动等进行单独测量，也可以对策划阶段、设计阶段、开发阶段等不同阶段进行单独测量。这样做的目的，一方面是为了支持项目管理工作，为项目计划的调整带来更准确的输入；另一方面可以积累各个活动和阶段的度量数据，为组织级的度量分析工作做数据的准备，进而可以指导后续项目的策划工作。

3.3.2.2 成本测量

【标准原文】

在项目开发过程中，宜定期或事件驱动地对已发生的直接成本进行测量。

在项目结束后，宜按照第6章分项对各项成本分别进行测量。

对于可以按照交付软件规模进行结算的项目，应根据交付软件规模及规模综合单价计算实际成本。

【标准释义】

项目过程中测量成本：

如本标准第6章所述，软件开发成本分成直接人力成本、间接人力成本、直接非人力成本和间接非人力成本4部分。其中，间接成本包括间接人力成本和间接非人力成本都不是为特定项目而产生的，是服务于整体开发活动的费用分摊。因此，在特定项目过程中对间接成本进行测量的意义不大。而直接成本包括直接人力成本和直接非人力成本，都是为特定项目而投入的，因此，需要在项目过程中进行测量。直接人力成本最直接的测量因素就是工作量，因此，在软件开发过程中，可以只跟踪直接非人力成本和工作量。

在软件开发过程中，软件开发直接成本的测量周期也可分为定期和事件驱动两种形式，其测量原则可参考上文工作量测量的内容。在事件驱动方面，需求变更自不必说，例如，在软件开发过程中突遇重大技术问题，其解决方案无论是投入额外的人力还是外购解决方案，都会对直接成本造成影响。又如，在项目开发过程中，发生设备故障、人员损失（离职或生病）等情况，无论是维修或更换设备还是重新雇用人员，都需要重新测量直接成本。

项目结束后测量成本：

在软件项目结束后，出于了解软件开发项目的整体成本状况，则有必要根据本标准第 6 章的要求，对各项成本分别进行测量，即除了直接成本中的直接人力成本和直接非人力成本，也需要对间接成本中的间接人力成本和间接非人力成本进行分摊和测量。这些数据除了作为本项目评价的重要内容，也是组织级度量数据库的重要输入。特别是间接人力成本和间接非人力成本数据的积累，对软件组织今后的项目获得更为准确估算具有非常重要的意义。

对于可以按照交付软件规模进行结算的项目，应根据交付软件规模及规模综合单价计算实际成本。此处交付软件规模应为项目结束后所测量的软件规模，其测量方法应与规模估算所采用的方法一致。

3.3.2.3　软件开发成本分析

【标准原文】

> 软件开发成本分析的内容主要包括：
>
> a）成本估算偏差；
>
> b）成本构成；
>
> c）成本关键影响因素相关性分析；
>
> d）成本估算方程回归分析。
>
> 在项目开发过程中，应定期检查实际发生成本与估算成本的偏差。
>
> 项目结束后，应对成本及相关数据进行分析，并用于：
>
> a）项目评价；
>
> b）建立或校正成本估算模型；
>
> c）过程改进。
>
> 项目规模、工作量和成本等估算及实际数据应有效管理并保存在基准数据库中。

【标准解读】

对软件开发成本进行分析有助于软件组织了解自身开发过程的情况，提高估算准确性、控制成本并为改进开发过程提供重要的决策信息。

根据难度及对成本分析的深入程度，软件开发成本分析可以分为4个方面。

（1）成本估算偏差：分析所估计成本与实际成本的偏差及原因。

（2）成本构成：分析软件开发成本的构成情况，可以参考以下方式对成本进行分类：

① 如本标准第 6 章所述，软件开发成本分为直接成本和间接成本，其中直接及间接成本又细分为直接及间接人力成本和非人力成本。

② 根据生存周期，软件开发成本分为需求、设计、编码、测试、交付等阶段成本。

③ 根据工作类型，软件开发成本划分为开发成本、项目管理成本、质量保证成本等。

通过以上分类的统计并结合"成本估算偏差"的信息，了解成本估算产生偏差的主要原因。

（3）成本关键因素相关性分析：软件开发过程中会有多种因素对成本产生不同的影响，这些因素在各软件组织中的影响程度不尽相同。因此，通过分析开发过程中各种因素与成本之间的关系，可以让管理者了解本组织成本控制的重点。

相关性分析通常使用的方法包括散点图及皮尔森（Pearson）相关性分析。散点图将实验或观测得到的数据在平面图上用点表示出来，显示了一个因素相对于另一个因素是如何变化的。图 3-2 给出了某软件项目的规模、工作量散点图示例。

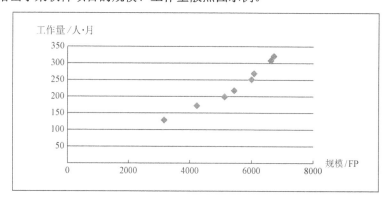

图 3-2　某软件项目的规模、工作量散点图示例

Pearson 相关性分析是统计学中分析变量线性相关的方法，通过计算可以得到变量之间量化的相关系数，并通过相关系数判断因素对成本影响的大小。各变量之间量化的相关系数见表 3-4，通过计算得到了各变量间的相关系数，用以判断其相关性的强弱。

（4）成本估算方程回归分析：软件开发活动的管理者除了希望了解成本关键因素的影响程度，还希望获得成本与关键因素的量化关系，即关于成本与关键因素的估算方程。

回归分析（Regression Analysis）是确定两种或两种以上变数间相互依赖的定量关系的一种统计分析方法，常用于建立回归方程。回归分析一般的步骤如下：

表 3-4　各变量之间量化的相关系数

变　量	生产率量化系数	项目规模量化系数	项目人数量化系数	项目类型量化系数
生产率	1	—	—	—
项目规模	0.636439819	1	—	—
项目人数	0.391221359	−0.040840657	1	—
项目类型	0.136748977	−0.347749557	−0.180472681	1

① 根据预测目标，确定自变量和因变量。

② 建立回归预测模型。

③ 进行相关性分析。

④ 检验回归预测模型，计算预测误差。

统计分析结果见表 3-5，通过线性回归工具对数据进行回归分析后得到预测模型。

$$生产率 = -166.69 + 0.09×项目规模 + 39.92×项目人数 + 42.70×项目类型 \qquad (3-5)$$

表 3-5　统计分析结果

回归统计					
相关系数 R			0.90		
判定系数			0.81		
校正的判定系数			0.77		
标准误差			49.07		
观测值			20.00		
方差分析					
名称	自由度	误差平方和	均方	F 值[①]	弃真概率
回归分析	3.00	163168.78	54389.26	22.59	0.00
残差	16.00	38525.97	2408.87	—	—
总计	19.00	201693.75	—	—	—
名称	回归系数	标准误差	统计量 t 值	P 值[②]	95%置信区间下限	95%置信区间上限
截距	−166.69	65.24	−2.56	0.02	−305.00	−28.39
项目规模	0.09	0.01	8.16	0.00	0.06	0.11
项目人数	39.92	8.59	4.65	0.00	21.72	58.12
项目类型	42.70	9.74	3.39	0.00	22.06	63.33

注意：①F 值是 F 检验（F-Measure）的统计量值；②P 值是用来判定假设检验结果的参数。

建立回归方程后，管理者可以在项目初期及项目中期对成本进行预测，并且通过提前控制影响成本的关键因素达到控制成本的目的。

成本估算偏差的测量与分析可以使用挣值分析方法，该方法的核心是将项目在选定时间内的计划指标、完成状况和资源耗费进行综合度量，将这些信息进一步转化为统一的单位进行管理，如货币、工时等，从而能准确描述项目的进展状态。该方法的另一个重要优点是可以预测项目可能发生的工期滞后量和费用超支量，从而及时采取纠正措施，为项目管理和控制提供了有效手段。

挣值分析方法使用的一般步骤如下：

（1）定期或者事件驱动地收集项目的数据。

① PV（某阶段计划要求完成的工作量所需的预算费用），即计划值。

② AC（某阶段实际完成的工作量所消耗的费用），即实际成本。

③ EV（某阶段按实际完成工作量按预算定额计算出来的费用），即挣值。

（2）计算评价指标，这些指标主要用于评价进度偏差及成本偏差。

① CV（费用偏差）＝EV-AC。

② CPI（费用执行指标）＝EV/AC。

③ SV（进度偏差）＝EV-PV。

④ SPI（进度执行指标）＝EV/PV。

分析各阶段的评价指标评价估计成本和实际成本的偏差及原因。挣值分析图如图 3-3 所示，在挣值分析图中说明某个时间点的成本偏差及进度偏差，管理者能够通过这种方式了解项目的进展状况。

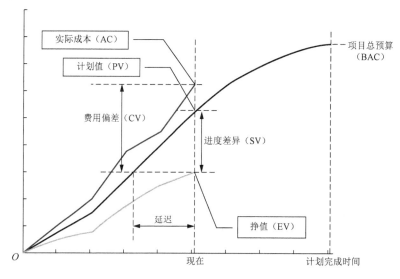

图 3-3　挣值分析图

软件组织采用以上的成本分析方法得到结果后，应考虑结果对各利益相关方的影响，并与其就处理方法达成一致意见，包括处理问题、调整估算方法和改进开发过程等。

项目结束后，成本及相关的数据对于软件组织而言具有很大的价值，应该收集并进行分析。分析的目的和角度包括以下 3 个方面。

（1）项目评价：根据成本的估算偏差及构成，评估项目组对预算控制的能力以及流程执行的效率。

（2）建立或校正成本估算模型：如上文提到的成本估算方程回归分析，项目结束后产生了新的成本及相关数据，这些数据可以用于评价回归方程的效果，并可以帮助不断优化回归方程。

（3）开发过程改进：通过分析成本分布占比和各类活动成本估算偏差率等数据，了解开发过程的问题，将这些数据、经验与软件组织情况相结合，为管理者提供开发过程改进的信息。

项目规模、工作量、工期、成本等估算及实际数据还应该保存在组织内部建立的基准数据库中，以供未来的项目组以及软件组织使用。使用时，须从以下 4 个方面进行。

（1）提供同类项目估算时参考。

（2）建立、评价及优化成本估算模型。

（3）对质量问题进行相关性分析。

（3）计算单位规模基准成本。

（4）分析软件组织各种活动成本的占比等。

软件组织还可以将项目组的数据提交到行业基准数据库中，为行业基准数据的不断更新提供支持。

3.4 标准规范性附录

 【标准原文】

附录 A

（规范性附录）

典型应用

A.1 预算

A.1.1 估算范围

预算阶段的应用主要指委托方为确定项目预算而进行的成本估算活动。

A.1.2 依据

制定预算应依据：

——软件开发成本估算的规定（见 8.1）；

——项目范围描述；

——国家或省级、行业软件主管部门发布的相关指导办法；

——权威机构发布的行业基准数据和人力成本基准费率相关信息；

——委托方同类项目的基准数据；

——其他相关资料。

A.1.3 估算原则

应由具备本标准涉及的成本估算能力的人员按照 8.1 的规定进行估算。

在预算阶段，如果需求极其模糊或不确定，可采用基准比对方法，直接估算工作量及成本。

完成成本估算后，应考虑行业的平均毛利率及维护要求等因素，计算出项目的预算范围。

A.1.4 上报预算

应以估算的结果为基础，并根据以下因素确定上报的预算额度：

——需求变更的风险；

——质量要求；

——工期约束。

注：当项目的需求相对明确且无其他特殊要求时，上报的预算可考虑采用估算结果的中值，即 50 百分位数；如需求不明确或有较高质量和工期约束时上报的预算可考虑采用估算结果的悲观值，即 75 百分位数；如需求比较明确且质量和工期没有明确约束和要求时，可考虑采用估算结果的乐观值，即 25 百分位数。

对于需求相对明确的项目，上报预算时宜附上功能清单及对应功能点数。

A.1.5 审批预算

审批预算时应考虑以下因素：

——预算的合理性；

——可用于本项目的资金情况。

预算审批人应依据 8.1 的规定对预算的合理性进行评估，也可委托第三方机构进行评估。

如果预算审批不通过，则应将预算驳回，并要求重新进行预算。

A.2 招投标

A.2.1 应用范围

本标准在招投标过程中的应用主要包括：

——招标方进行的成本估算；

——评标基准价的设定；

——投标方进行的成本估算和项目报价；

——评标及合同签订。

对于采用非招标方式进行采购的委托方，宜参照本标准进行成本估算并确定合理采购价格范围。

对于采用非投标方式提供报价的开发方，宜参照本标准进行成本估算和项目报价。

A.2.2　招标

A.2.2.1　招标准备

确定详细的工作说明书,工作说明书应能满足已选定的规模估算方法所需的功能点和非功能规模计数要求[6]。

A.2.2.2　估算依据

应由招标方(或受其委托的第三方机构)中具备本标准涉及的成本估算能力的人员按照8.1的规定进行估算。

进行成本估算应依据:

——本标准;

——工作说明书;

——项目范围和需求描述;

——国家或省级、行业软件主管部门发布的相关指导办法;

——权威机构发布的行业基准数据和人力成本基准费率相关信息;

——其他相关资料。

并考虑以下因素:

——项目和潜在投标人所在地域;

——项目所需技术要求和所属领域的应用成熟度。

招标方(或受其委托的第三方机构)完成成本估算后,应考虑行业的平均毛利率及维护要求等因素,计算出合理招标价区间。

如招标阶段的工作说明书与预算阶段约定的范围没有实质性变化,则可直接采用预算阶段的估算结果。

A.2.2.3　设定评标基准价/投标最低合理报价/投标最高合理报价

招标方应遵循以下原则设定评标基准价、投标最低合理报价和投标最高合理报价:

——投标最低合理报价宜参考合理招标价区间的下限值设定;

——投标最高合理报价宜参考合理招标价区间的上限值或项目预算值;

——评标基准价宜采用合理招标价的中值或各投标人有效报价的平均值,有效报价指投标最低合理报价和投标最高合理报价之间的报价;

——也可根据合理招标价区间和估算规模,计算出合理的功能点单价区间,并据此设定评标基准价、投标最低合理报价和投标最高合理报价;

——可根据行业竞争状况及潜在投标人的情况对评标基准价、投标最低合理报价和投标最高合理报价进行适当调整。

招标方应基于评标基准价制定价格评分方法。

---

[6] 由于非功能规模很难计数,此处宜理解为"工作说明书应能满足已选定的规模估算方法所需的功能规模及非功能规模估算要求"

A.2.2.4 形成招标文件

招标方应根据 A.2.2.2 的估算结果和 A.2.2.3 的设定价格形成招标文件相应部分的内容。

招标文件中宜明确投标方所需采用的规模估算方法、评标基准价的设定方法及投标报价的评分方法。

A.2.3 投标

A.2.3.1 投标准备

投标方接到招标文件后，应对招标文件中与投标报价相关的内容进行澄清和确认，明确项目的范围和边界，并结合自身经验和项目实际情况整理出功能清单及对应功能点数。

A.2.3.2 估算

应由具备本标准涉及的成本估算能力的人员按照 5.1 的规定进行估算。

投标方进行成本估算应依据：

——5.1 的规定；

——工作说明书；

——国家或省级、行业软件主管部门发布的相关指导办法；

——本组织的基准数据和人力成本基准费率相关信息；

——权威机构发布的行业基准数据和人力成本基准费率相关信息；

——招标文件要求；

——其他相关资料。

并应考虑以下因素：

——本组织及项目所在地域；

——项目所需技术的要求和本组织的技术积累。

A.2.3.3 确定投标报价

投标方不得以低于成本的报价竞标。投标方在确定投标报价时，应依据 A.2.3.2 的估算结果并考虑如下因素：

——期望的利润水平；

——商业策略；

——行业同类项目的成本水平；

——其他相关因素。

A.2.3.4 形成投标文件

投标方应根据 A.2.3.2 的估算结果和 A.2.3.3 确定的投标报价，形成投标文件中相应部分的内容。

投标文件中应包含功能清单及对应功能点数。

A.2.4 评价

根据 A.2.2.3 确定的价格制定评分方法并对有效报价进行价格评分。

对低于投标最低合理报价或高于投标最高合理报价的情况，应视为不合理报价，价格评分宜为 0 分。

A.3 项目计划

A.3.1 应用范围

本标准在项目计划活动的应用主要包括：

——开发方获得委托方正式的委托后，为制订详细的开发计划而开展的成本估算活动；

——开发方在项目开发过程中，根据新的信息或项目变化重新进行的成本估算活动。

A.3.2 依据

在项目计划时，进行成本估算应依据：

——5.1 的规定；

——已确认的项目工作说明书；

——国家或省级、行业软件主管部门发布的相关指导办法；

——本组织的基准数据和人力成本基准费率相关信息；

——权威机构发布的行业基准数据和人力成本基准费率相关信息；

——其他相关资料。

A.3.3 估算

在项目计划时，进行成本估算应遵循以下原则：

——应由开发方或第三方机构中具备本标准涉及的成本估算能力的人员按照 5.1 的规定进行估算；

——估算人员还应对各任务的工作量、工期分别进行估算，估算时宜参考基准数据将已估算出的总工作量、总工期分解到各任务，并依据经验或采用专家评审方法对估算结果进行验证，不同估算方法产生的结果偏差较大时应分析原因并调整估算；

——当估算结果与项目约束产生冲突时，应分析原因并提出处理建议。

A.3.4 制订项目计划

制订项目计划应以 A.3.3 的估算结果为基础，并适当调整。对每一任务的资源、时间计划进行调整时应考虑的因素主要包括：

——交付时间要求；

——任务难度；

——是否属于关键路径；

——资源限制。

项目计划应获得主要利益相关方的确认并达成一致。

A.3.5 维护项目计划

在项目开发过程中，在以下两种情况应重新进行成本估算并维护项目计划：

——项目到达重要里程碑或发生变化时。例如，在需求分析完成后，可重新进行规模估算，必要时对工期、工作量、成本估算进行相应调整；

——当成本估算的假设条件发生变化时。例如，对于迭代开发的项目，如果第一次迭代的生产率数据与估算时参考的生产率数据有较大偏差，可根据实际生产率数据重新修正成本估算结果。

A.4　变更管理

A.4.1　应用范围

本标准在变更管理的应用主要指项目开发过程中，由变更引起的成本估算活动。

A.4.2　依据

进行变更成本估算应依据：

——5.1 的规定；

——国家或省级、行业软件主管部门发布的相关指导办法；

——委托方、开发方及其相关方共同明确的变更范围；

——组织关于变更过程的经验和数据；

——本组织的基准数据和人力成本基准费率相关信息；

——权威机构发布的行业基准数据和人力成本基准费率相关信息；

——其他相关资料。

A.4.3　估算

变更成本估算应遵循以下原则：

——应由具备本标准涉及的成本估算能力的人员按照 5.1 的规定进行估算；

——委托方、开发方及相关方应对变更的范围达成一致；

——估算人员应识别变更给成本所带来的影响。按照 5.1 的规定，估算变更的规模、工作量、工期和成本；

——变更成本估算结果应得到委托方、开发方及相关方的评审和确认，达成共识。当不能达成一致时，委托方、开发方及相关方应进行磋商，确定处理办法。

A.5　结算/决算/后评价

A.5.1　应用范围

本标准在结算/决算/后评价阶段的应用主要包括：

——为编制结算/决算而进行的成本测量；

——为绩效评价和过程改进等后评价活动而进行的成本数据的测量和分析。

A.5.2　依据

进行结算/决算/后评价时应依据：

——5.2、5.3 的规定；

——最终的功能清单及对应功能点数；

——预算/项目计划；

——国家或省级、行业软件主管部门发布的相关指导办法；

——本组织的基准数据和人力成本基准费率相关信息；

——权威机构发布的行业基准数据和人力成本基准费率相关信息；

——其他相关资料。

A.5.3　结算/决算

项目的成本测量应由具备本标准涉及的成本估算能力的人员进行。

在项目验收之后应依据本标准5.2的规定对项目的成本进行测量，作为项目结算或决算的一部分。

A.5.4　绩效评价

委托方应依据本标准5.2的规定对项目的成本进行测量，宜将项目测量的规模、成本、工期与预算进行对比，全面掌握和评价项目预算的执行情况。

开发方应依据5.2的规定对项目的成本进行测量，宜将项目测量的规模、成本、工期与项目计划进行对比，全面掌握项目计划执行情况，考核项目实施效果。

A.5.5　过程改进

可将项目测量的规模、成本、工期、生产率等数据纳入组织或行业的基准数据库，为以后类似项目的成本估算提供参考数据。

可将测量的功能点耗时率和生产率等数据与组织或行业的基准数据进行比对分析，以发现改进机会。

【标准解读】

本标准第7章详细介绍了在软件开发项目过程中对规模、工作量、工期和成本等内容进行估算、测量和分析的基本知识。但对于不同的组织或不同的项目而言，因为不同利益相关方的目的会有所不同，因此具体的度量方法或过程也会有所差异。

为了加强对现实工作的指导意义，标准 GB/T 36964—2018 第5章特别介绍了5种典型的应用场景，并在本标准的附录 A 中详细说明了这5种应用场景的成本度量过程和要求。

对有志于在本组织内应用标准 GB/T 36964—2018 的个人或团队而言，下述5种典型应用场景作为最佳实践，有着非常重要的参考意义。

对于预估功能点分析方法和估算功能点分析方法在不同场景下的应用，以下所描述的只是最有可能的情况，而没有统一的规定。开发方和委托方可以根据实际情况，在不同场景下选择预估功能点分析方法或估算功能点分析方法来计算规模。

这5种应用场景分别如下：

（1）预算：主要指委托方为确定项目预算而进行的成本估算活动。在这种场景下，需求较为模糊，更适合采用预估功能点分析方法，只须对待开发系统中的逻辑文件数量进行计算。计算出待调整功能点后，采用固定系数对规模进行调整，得出调整后的功能点数，然后考虑软件因素对功能点数值进行调整，得出工作量估算值，最后根据模型估算出工期和成本。在预算场景下，为了确保项目经费，一般使用成本估算的上限值作为预算值。

（2）招投标：在招投标阶段，委托方和开发方对项目边界和需求有了更加清晰的界定，但是清晰程度有限。因此，可参考预算场景下的方法采用预估功能点分析方法进行估算。在得到未调整功能点数后，需要考虑开发因素和软件因素，综合开发方的生产率数据，估算工作量、工期和成本的范围。便于委托方确定合理的采购价格范围，而开发方则可用它来确定项目的报价。

（3）项目计划：开发方获得委托方正式的委托后，为制订详细的开发计划而开展的成本估算活动。此时，开发方已经获得了较为详细的需求，因而可以使用估算功能点分析方法进行估算。在此场景下进行规模、工作量、工期成本估算的目的是，为后续的项目管理活动建立基准。

（4）变更管理：主要指项目开发过程中由变更引起的成本估算活动。可使用估算功能点分析方法对变更进行评估，从而估算变更引起的成本。

（5）结算/决算/后评价：为编制结算/决算而进行的成本测量，或者为绩效评价和开发过程改进等后评价活动而进行的成本数据测量和分析。可根据实际情况采取预估功能点分析方法或估算功能点分析方法。

第 4 章　软件开发成本标准实施指南

在标准 GB/T 36964—2018 中，软件开发成本度量过程分为软件开发成本估算和软件开发成本测量 2 个部分。软件开发成本估算被细分为规模估算、工作量估算、成本估算和软件开发成本确定 4 个过程；软件开发成本测量包括规模和工作量测量、成本测试和软件开发成本分析 3 个部分。本标准中包含预算、招投标、项目计划与变更管理、结算/决算和后评价、第三方评估 5 个典型场景，本章介绍这 5 个典型场景下软件开发成本估算和测量中的应用要点。

4.1 预算场景应用要点

4.1.1 场景描述

在预算场景中进行的估算活动是基于委托方需求而执行的估算活动。软件预算决定了为软件项目投入的人力、财力、物力的数量，需要紧密结合软件项目工作范围、所需资源等信息才能得到合理可行的软件预算。

4.1.2 场景特点

与传统行业的预算相比，软件预算面对的最大挑战在于软件需求的伸缩性极强，而在此场景下用户需求通常比较模糊，因此对预算的适用性要求高。

4.1.3 实施过程

4.1.3.1 确定软件系统边界

软件系统边界是软件与其用户之间概念上的分界。此处的"用户"包括操作软件的人以及与本软件有交互的其他软件和硬件。

明确软件系统边界就是确定哪些在软件系统范围之内，哪些不在软件系统范围内，边界内外存在哪些交互。确定软件系统边界很重要，因为边界不同，将得出不同的估算结果。

4.1.3.2 选择软件规模估算方法

（1）在预算场景下，若用户需求信息较为模糊，但能识别出数据功能，则可采用 SJ/T 11619—2016《功能规模测量 NESMA 方法》中功能点计数类型中的预估功能点分析方法来估算软件规模，该方法只须识别出概念数据模型中实体数量或符合第三范式的数据模型的实体数量。

（2）如果用户需求比较明确，能够从中识别出每种事务性功能和数据功能数量，就可采用

SJ/T 11619—2016《功能规模测量 NESMA 方法》中功能点计数类型中的估算功能点计数来估算软件规模。该方法对功能复杂性程度设定了标准值，即数据功能复杂性程度为"低"级别，事务性功能复杂性程度是"中"级别。

4.1.3.3 软件规模变更因子的取值

在预算编制阶段，需求变更因子通常依据行业基准数据（本书编写时的最新版本为 CSBMK-201906）取值，即取 1.39，也可根据软件组织自身的历史数据取值，但最大值不宜超过 1.39。

对以非功能需求为主或包含大量负责算法、以创意为主的软件项目，需要考虑非功能需求对软件规模的影响。如果采用 SJ/T 11619—2016《功能规模测量 NESMA 方法》或 ISO/IEC 20926:2009《软件与系统工程 软件测量 IFPUG 功能规模测量方法 2009》中规定的方法，就可通过评估 14 个通用系统特征的权重值计算值调整因子，也可根据软件组织自身的历史数据或经验值进行取值。

4.1.3.4 评估人员要求

为有效开展预算编制活动，应由专职或兼职人员组成成本评估小组。

相关人员应了解《软件工程 开发成本度量规范》所涉及的成本构成、成本度量基本方法、过程与要点；至少掌握预估功能点、估算功能点或其他等效的功能规模测量方法；掌握工作量估算的相关方法。

由于预算编制阶段业务需求较为模糊，而业务领域知识对发现隐含需求尤为关键，因此在成本评估小组中应包含具备较丰富业务领域知识的人员。

4.1.3.5 关键活动

在预算编制阶段进行成本评估的关键活动包括（但不限于）以下 3 个方面。

（1）业务需求澄清。此阶段的业务需求相对模糊，因此业务需求澄清活动就尤为重要。通常情况下，应由业务需求方或其代表向成本评估小组解释关键业务目标及需求；成本评估专家应根据功能点分析方法，在对软件规模进行估算的同时，重点发掘隐含需求及存在歧义的关键需求，从而更为客观地评价软件规模，并推动业务需求文档质量的提升。

（2）需求质量定量评价。在此阶段，可利用功能点分析方法，有效评估需求质量，以降低项目风险。例如，根据预估功能点分析方法与估算功能点分析方法的计数差异，评估需求粒度；根据不同类型功能点计数项占比与行业基准数据的比较结果，评估需求遗漏的风险等。

（3）编制预算。在编制预算时，对直接非人力成本应单独估算；同时，可根据软件组织情况及管理要求选择估算结果的上限值 P75 或标准值 P50 作为预算编制的基准值；在进行工作量/成本估算时，应依据相关行业基准数据选择基准生产率及合理的调整因子。在编制预算时，需要考虑的软件因素、开发因素调整因子可根据行业基准数据和软件组织自身的历史数据进行取值，或参考本书附录 E 进行取值。

4.2 招投标场景应用要点

4.2.1 场景描述

具备了较为详细的用户需求或工作说明书。如果工作说明书与预算阶段的相同，可直接采用预算阶段的估算结果。该场景的估算活动包括招标方进行成本估算、设定评标基准价/投标最低合理报价/投标最高合理报价、制定价格评分方法、投标方进行成本估算和项目报价、对项目报价进行评价等活动。

4.2.2 场景特点

具备了比预算场景中更为详细的用户需求或工作说明书，可以满足规模估算的要求。该场景下需要基于成本估算结果设定评标基准价/投标最低合理报价/投标最高合理报价、制定价格评分方法对项目报价进行评价。

4.2.3 实施过程

4.2.3.1 软件规模估算方法选择

在招投标阶段，由于用户需求进一步清晰，能够识别每种事务性功能和数据功能数量，可采用 SJ/T 11619—2016《功能规模测量 NESMA 方法》中功能点计数类型中的估算功能点分析方法来估算软件规模；对用户需求较模糊的新开发项目，可采用 SJ/T 11619—2016《功能规模测量 NESMA 方法》中预估功能点分析方法或其他等效方法。

4.2.3.2 软件规模变更因子的取值

在招投标场景下，需求变更因子可依据行业基准数据（本书编写时的最新版本为 CSBMK-201906）取值，即取 1.22，也可根据软件组织自身的历史数据取值，但最大值不宜超过 1.22。

对以非功能需求为主或包含大量负责算法、以创意为主的软件项目，需要考虑非功能需求对软件规模的影响。如果采用 SJ/T 11619—2016《功能规模测量 NESMA 方法》或 ISO/IEC

20926:2009《软件与系统工程 软件测量 IFPUG 功能规模测量方法 2009》中规定的方法，那么可通过评估 14 个通用系统特征的权重值计算值的调整因子。

4.2.3.3　评估人员要求

为有效开展招投标活动，应由专职或兼职人员组成成本评估小组。

相关人员应了解《软件工程 开发成本度量规范》所涉及的成本构成、成本度量基本方法、过程与要点；至少掌握预估功能点分析方法、估算功能点分析方法或其他等效的功能规模测量方法；掌握工作量估算的相关方法；熟悉国家或省级、行业主管部门发布的相关指导办法。

业务领域知识对于发现隐含需求尤为关键，在成本评估小组中应包含具备较丰富业务领域知识的人员。

4.2.3.4　关键活动

在招投标及商务谈判阶段进行成本评估的关键活动包括（但不限于）以下 3 个方面。

（1）招标。此阶段应进一步明确业务需求并重新估算项目规模、工作量、成本工期等。宜根据估算结果范围设定拦标价或相关价格评分规则。在工作量/成本估算时，应依据相关行业基准数据选择基准生产率及合理的调整因子，需要考虑的软件因素可根据行业基准数据和软件组织自身的历史数据进行取值，或参考本书附录 E 进行取值。

（2）投标。投标方应根据自身对业务需求的理解进一步明确项目范围，并独立开展项目规模、工作量、成本及工期的估算。在工作量/成本估算时，应依据相关行业基准数据选择基准生产率及合理的调整因子，需要考虑的软件因素、开发因素调整因子可根据行业基准数据和软件组织自身的历史数据进行取值，或参考本书附录 E 进行取值。

（3）评标。评标时，应关注投标方的报价是否落在合理范围内，以及功能点单价水平是否合适。必要时，可与投标方再次确认双方对项目范围的理解。可根据投标方功能点清单中重用程度的取值，定量评价投标方的相关经验及技术积累水平。

招投标场景下的最低合理报价宜参考软件开发成本估算结果的下限值，最高合理报价宜参考软件开发成本估算结果的上限值，基准价宜参考软件开发成本估算结果的最可能值。

4.3　项目计划与变更管理场景应用要点

4.3.1　场景描述

在项目计划场景中的估算活动是基于开发方需求而执行的估算活动。该场景的估算活动通常是在新项目获得委托方正式委托后或在开发过程中项目需求发生变化后进行的。

4.3.2　场景特点

具备了已经过确认的项目说明书。需要委托方、开发方及其他各方共同明确变更的范围。在项目达到重要里程碑或假设条件发生变化时，需要重新估算。

4.3.3　实施过程

4.3.3.1　软件规模估算方法选择

在项目计划与管理阶段，由于需求较为清晰，可采用 SJ/T 11619—2016《功能规模测量 NESMA 方法》中估算功能点或其他等效方法，也可根据项目情况及管理需求，采用 SJ/T 11619—2016《功能规模测量 NESMA 方法》中预估功能点、详细功能点或其他等效方法。

4.3.3.2　软件规模变更因子的取值

在项目计划与管理阶段，软件规模变更因子通常依据行业基准数据（本书编写时的最新版本为 CSBMK-201906）取值，即取 1.22，也可根据软件组织自身的历史数据取值，但最大值不宜超过 1.22。

4.3.3.3　人员要求

为有效开展项目计划与管理活动，应由专职或兼职人员组成功能点小组。

相关人员应熟悉《软件工程　开发成本度量规范》所涉及的成本构成、成本度量基本方法、过程与要点，并掌握预估功能点分析方法、估算功能点分析方法、详细功能点分析方法或其他等效的功能规模测量方法，掌握工作量估算的相关方法，并有能力对方法进行定制与优化。

4.3.3.4　关键活动

在项目计划与管理阶段进行成本评估的关键活动包括（但不限于）以下 3 个方面。

（1）项目估算。相关人员应根据最新的需求重新估算项目规模、工作量、成本及工期。在工作量/成本估算时，应依据相关行业基准数据选择基准生产率及合理的调整因子，需要考虑的软件因素调整因子可根据行业基准数据和软件组织自身的历史数据进行取值，或参考本书附录 E 进行取值。

（2）变更管理。在项目范围发生变更时，应对变更规模进行估算，并估算相关工作量、成本。在估算时应考虑变更的发生对工作量及成本的影响（通常变更发生越晚，对项目的影响越大）。在项目变更后，应及时更新功能点清单等相关文档。

（3）估算方法持续改进。在项目实施过程中，应收集相关问题及数据（如功能点应用常见问题、生产率数据、工作量数据、交付质量数据、缺陷密度数据等），使用散点图方法呈现项目规模、工作量等数据，使用 Pearson 相关性分析得到软件组织所关注的变量之间的相关系数，从而获得成本与关键因素的量化关系。最终根据管理要求持续改进，如数据分析和方法的改进等。

4.4　结算/决算和后评价场景应用要点

4.4.1　场景描述

该场景中主要执行成本测量活动，包括执行针对编制结算/决算进行的成本测量活动，以及针对绩效评价、过程改进等后评价进行的成本测量和分析。

4.4.2　场景特点

该场景下项目最终的需求清晰，设计文档齐全，需要根据项目预算、项目计划、项目过程数据等进行成本测量，并基于度量结果进行绩效评价和过程改进。

4.4.3　实施过程

4.4.3.1　软件规模估算方法选择

在项目结算/决算与后评价阶段，可采用 SJ/T 11619—2016《功能规模测量 NESMA 方法》中的估算功能点分析方法、详细功能点分析方法或其他等效方法，也可根据项目情况及管理需求，采用预估功能点或其他等效方法。

4.4.3.2　软件规模变更因子的取值

在项目结算、决算与后评价阶段，软件规模变更因子通常依据行业基准数据（本书编写时的最新版本为 CSBMK-201906）取值，即取 1。

4.4.3.3　人员要求

为有效开展项目结算/决算与后评价活动，应由专职或兼职人员组成评价小组。相关人员应熟悉《软件工程 开发成本度量规范》所涉及的成本构成、成本度量基本方法、过程与要点，并掌握预估功能点、估算功能点、详细功能点或其他等效的功能规模测量方法；掌握工作量测量的相关方法；掌握数据收集和统计分析的相关方法；有能力对方法持续改进。

4.4.3.4 关键活动

在项目结算/决算与后评价阶段进行成本评估的关键活动包括（但不限于）以下2个方面。

（1）项目结算/决算。相关人员应根据最终通过验收的需求重新评估项目规模、工作量及成本。在评估规模、工作量及成本时，应依据相关行业基准数据选择基准生产率及合理的调整因子，需要考虑的软件因素和开发因素调整因子可根据行业基准数据和软件组织自身的历史数据进行取值，或参考本书附录E进行取值。

（2）后评价及持续改进。在对项目进行后评价时，不应只考虑项目的成本及产出，应对项目的各方面指标进行多维度分析，如生产率、开发及交付质量、各活动工作量/成本占比、估算偏差、需求稳定性等，并根据分析结果对相关过程进行持续改进。

4.5 第三方评估应用要点

4.5.1 场景描述

基于第三方需求对软件开发成本进行客观、独立的估算和测量。

4.5.2 场景特点

需要依据委托方和开发方提供的被评估项目的相关资料及数据、国家或省级/行业软件主管部门发布的相关指导办法、权威部门发布的行业基准数据等，独立、客观地进行评估。

4.5.3 实施过程

4.5.3.1 软件规模估算方法选择

第三方评估机构应根据评估目的、应用场景及获得项目需求资料的详细程度选择评估方法。项目需求描述文档不一定是独立的文件，也可以整合在不同文件中。首先，项目需求描述文档应包含最基本的业务需求，还应进行初步的子系统/模块划分，并对每一个子系统或模块的基本用户需求进行描述或说明，以保证可根据项目需求描述文档进行功能点计数。其次，根据项目范围描述文档确定需求粒度，对可以识别出事务功能的需求文档，宜选择估算功能点方法；对未确定事务功能但可以识别出逻辑文件的需求文档，宜选择预估功能点分析方法；对软件项目相关材料不全、需求较模糊的项目，评估方应及时向委托方反馈，需将软件项目需求尽可能地细化，细化到根据评估方的领域经验可以测算出各个子系统/模块的规模为止。

4.5.3.2　软件规模变更因子的取值

第三方评估机构可参考其他应用场景要求，并需要根据用户场景确定软件规模变更因子。例如，若是针对预算场景的第三方评估，则应依据预算场景因子取值原则，选择 1.39 或 1.22 较为合适；若是项目结算/决算及后评价场景，则应依据结算/决算及后评价场景因子取值原则，通常取 1 较为合适。

4.5.3.3　第三方评估人员要求

第三方评估人员应深刻理解《软件工程 开发成本度量规范》所涉及的成本构成、成本度量基本方法、过程与要点，并熟练掌握并掌握预估功能点、估算功能点、详细功能点或其他等效的功能规模估算方法；掌握工作量估算的相关方法；熟悉国家或省级、行业主管部门发布的相关指导办法。

第三方评估人员应对所评估项目的业务充分理解，第三方评估机构和人员与甲、乙双方之间无任何特殊利害关系，以保证第三方评估的独立性。

4.5.3.4　关键活动

第三方评估的关键活动包括（但不限于）以下 4 个方面。

（1）保密要求。第三方评估机构应与委托方签订保密协议，制定保密制度，明确评估过程、评估结果、委托方所提供资料的保密性要求。

（2）评估资料获取。第三方评估机构进行估算前，需从委托方取得项目特征和项目范围描述资料，并把已取得的资料作为评估依据；第三方评估机构应填写评估资料交接单并要求委托方签字确认，交接单中应明确交接资料份数、名称、页数等特征属性。评估资料的真实性、合法性、完整性由委托方负责，因委托方所提供资料的失实、缺失导致评估结果失真而引起的责任，不属于第三方评估机构及评估人员的责任范围。对评估过程中发生的资料变更事项应做好记录，交接双方应签字确认。对已有系统进行评估时，不宜直接以安装在客户生产环境中的软件系统作为评估依据，应要求委托方提供纸质或电子版项目资料作为评估依据。因为一般情况下，客户生产环境中的软件系统不具有恒定性，存在评估依据丢失的危险。

（3）确定评估范围。第三方评估机构进行评估前，应与委托方用书面形式明确评估范围，评估过程中，可与相关人员对项目范围及需求进行必要的沟通与澄清。

（4）给出评估结果。应依据相关标准及行业数据，客观评估。在出具最终报告前，应再次确认项目范围及主要项目特征；出具最终报告后，不得对报告内容随意更改。

第 5 章 软件开发成本标准实施案例分析

为促进标本准理论、方法与实践相结合，本章提炼了6个典型应用案例，供广大用户单位、软件企业参考和借鉴。案例涉及行业主要包括政府、能源、金融、电信、第三方及环保行业，涵盖预算、招投标、项目内部管理、结算与核算等场景。每个案例都包含应用背景、面临问题、实施方案和效果评价。案例中每个应用单位的出发点不同、所面临问题的难点不同，因此本实施案例可作为理解和实践标准的参考，读者可根据需要灵活运用。

5.1　某能源行业软件开发项目成本估算应用案例分析

应用背景

组织简介如下。

（1）单位类型：内部乙方。

（2）所属行业：能源。

（3）应用场景：预算。

（4）应用部门简介：该单位是国家电网下属的全资产业单位，重点面向企业客户提供现代信息通信技术综合服务。该组织通过了 ISO 9001:2008 质量管理体系认证和 CMMI 成熟度 5 级评估，取得了计算机系统集成及服务一级资质、电力专业设计乙级资质、信息安全类各项资质；拥有自己的开发团队，目前拥有多项软件著作权、受理专利项、国际受理业务等。

面临问题

1. 引入功能点分析方法前，依赖专家经验，估算效率低、估算偏差大

软件项目预算申报时，往常由主管部门抽调业务部门人员、技术部门专家，通过召开评审会进行项目预算审查。经常由于专家意见不统一，导致估算偏差较大，会议效率低下。

2. 引入了传统功能点分析方法，对功能点的应用体验是"又爱又恨"

曾引入传统功能点分析方法，在预算审查会时，与会人员找到了共同"语言"，但在实际落地时发现，传统功能点分析方法很难在项目早期进行良好的应用。

同时，由于每年开发的项目类型复杂、性质差距较大，使用传统的功能点分析方法估算时，甲、乙方因视角不同，各自增加了非常多的主观因素，导致双方的估算结果分歧较大，互不认可，各自都有着自以为是的理由。

实施方案

1. 给出改进建议，确立软件评估规程

考虑到该部门当前阶段的主要问题，决定先引入快速功能点分析方法，所制定的规则在符

合国家标准基本原则的同时，也更加适用于本组织系统的规模计数，工作流程图如图 5-1 所示。

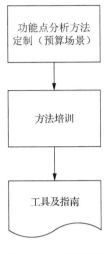

图 5-1　工作流程图

主要工作包括以下 3 项。

（1）将快速功能点分析方法应用于预算申报、审批管理等场景，并与当前组织的过程改进管理制度充分融合。

（2）根据该组织的特点，并结合行业最佳实践，对功能点分析方法自定义规则，以寻求各项目之间的一致性与合理性的平衡，持续定量验证与优化。

（3）对相关人员进行软件造价认证培训及计数实战，指导相关人员建立多级的工作量估算规程，包括但不限于估算工具、预算场景应用指南、常见问题总结等，以便相关人员快速、一致地进行估算。

2. 定制化培训

针对部门现有状况，进行定制化培训，甲、乙双方组织小组成员进行估算方面的培训，包括不同类型项目（流程类项目、报表类项目、其他类项目等）的估算要点，统一视角，避免分歧。根据不同类型项目，强调调整因子的选择和设计。

3. 规范功能点计数，统一用户视角

下文以某一项目管理系统为例，详细描述软件开发项目费用的估算过程。

需求示例：

（1）业务需求管理模块。

① 新建业务需求：【业务需求】菜单，显示业务需求列表，单击【新建】图标，弹出新建业务需求页面，输入业务需求信息，单击【保存】按钮。页面关键要素有需求名称、需求来源、业务部门、业务人员、提出日期、联系方式、业务分类、科技分类、需求级别、需求描述、需求附件、需求经理等。

② 编辑业务需求：单击【需求管理】→【业务需求】菜单，显示业务需求列表，单击需要编辑的业务需求记录，弹出业务需求编辑页面，在业务需求状态没有发生改变之前，可对业务需求的信息进行编辑，单击【保存】按钮。页面关键要素有需求名称、需求来源、业务部门、业务人员、提出日期、联系方式、业务分类、科技分类、需求级别、需求描述、需求附件、需求经理等。

③ 删除业务需求：单击【需求管理】→【业务需求】菜单，显示业务需求列表；单击【我负责】过滤选项，单击业务需求后面的【删除】图标，弹出"确定删除？"对话框；单击【确定】按钮后，删除业务需求。

④ 关注业务需求：单击【需求管理】→【业务需求】菜单，显示业务需求列表，选择业务需求记录单击后面的【关注】图标，即可关注业务需求。

⑤ 查询业务需求：单击【需求管理】→【业务需求】菜单，显示业务需求列表；单击【查询】图标，弹出业务需求查询页面，输入查询关键信息；单击【确定】按钮，返回查询后的业务需求数据列表。

⑥ 导出业务需求：单击【需求管理】→【业务需求】菜单，显示业务需求列表；单击【导出】图标，即可将业务需求列表数据导出至 Excel 文件。

⑦ 关联任务清单：单击【需求管理】→【业务需求】菜单，显示业务需求列表，选择业务需求记录，弹出业务需求页面；单击<任务清单>页签，查看关联任务信息。

（2）中标通知管理模块。

① 新建中标通知：单击【商务管理】→【中标通知】菜单，显示中标通知列表；单击【新建】图标，弹出新建中标通知页面，输入中标通知信息，单击【保存】按钮。

② 编辑中标通知：单击【商务管理】→【中标通知】菜单，显示中标通知列表；选择需要编辑的中标通知记录，弹出中标通知编辑页面，编辑中标通知信息，单击【保存】按钮。

③ 删除中标通知：单击【商务管理】→【中标通知】菜单，显示中标通知列表；单击【我负责】过滤选项，单击中标通知后面的【删除】图标，弹出"确认删除？"对话框；单击【确定】按钮后，删除中标通知。

④ 查询中标通知：单击【商务管理】→【中标通知】菜单，显示中标通知列表；单击【查询】图标，弹出中标通知查询页面，输入查询关键信息；单击【确定】按钮，返回查询后的中标通知数据列表。

⑤ 导出中标通知：单击【商务管理】→【中标通知】菜单，显示中标通知列表；单击【导出】图标，即可将中标通知列表数据导出至 Excel 文件。

⑥ 关联合同：单击【商务管理】→【中标通知】菜单，显示中标通知列表；选择中标通知记录，弹出中标通知页面，单击<合同>页签，查看关联合同信息。

1）软件规模估算

根据上述需求描述及相关人员确认意见，确定该项目为新开发类项目。由于项目需求文档描述较清晰，所以采用估算功能点分析方法进行规模计数。

将功能点规模计数结果填写到《功能点规模计数表》中，得到未调整的功能点数，见表 5-1。

表 5-1　功能点规模计数表

规模估算方法			估算功能点			
编号	子系统	模块	功能点计数项名称	类别	UFP	备注
1	项目管理系统	业务需求管理	业务需求信息	ILF	10	
2			业务需求新建	EI	4	
3			业务需求编辑	EI	4	
4			业务需求删除	EI	4	
5			业务需求关注	EI	4	
6			业务需求查询	EQ	4	
7			业务需求导出	EQ	4	
8			关联任务清单	EI	4	
9		中标通知管理	中标通知信息	ILF	10	
10			中标通知新建	EI	4	
11			中标通知编辑	EI	4	
12			中标通知删除	EI	4	
13			中标通知查询	EI	4	
14			中标通知导出	EQ	4	
15			关联合同	EI	4	
合计					72	

软件规模计算公式为

软件规模=未调整的功能点×软件规模变更因子

由于该项目应用场景为预算场景，根据 2019 年中国软件行业基准数据（CSBMK-201906），软件规模变更因子的取值应为 1.39。因此，调整后的软件规模应为 72×1.39=100.08（FP）。

2）工作量估算

工作量计算公式为

工作量=软件规模×生产率×工作量调整因子

根据 2019 年中国软件行业基准数据（CSBMK-201906），软件开发生产率基准数据的中值为 7.10 人时/功能点，合理的范围为 4.08～12.37 人时/功能点。

根据了解到的项目特点及相关要求，确定影响该项目工作量的主要属性，工作量调整因子的取值见表 5-2。

表 5-2　工作量调整因子的取值

序号	调整因子	描述	取值
1	应用类型	业务处理	1.00
2	质量特性	无特别要求	1.00
3	完整性级别	D 级	1.00
4	开发语言	Java、C++、C#及其他同级别语言/平台	1.00
5	开发团队背景	无特别要求	1.00

将软件规模测算结果、生产率和工作量调整因子导入工作量计算公式中，得到工作量的中值，即 88.82 人日，合理的范围为 51.04～154.75 人日。

3）成本估算

成本估算公式为

成本=工作量×人月费率+直接非人力成本

根据项目开发团队所在地域（北京）的人月费率为 28767 元，根据表 5-3 "软件成本度量估计算过程" 估算出软件开发费用的中值为 11.75 万元，合理的范围为 6.75 万～20.47 万元（不含直接非人力成本）。

表 5-3　软件成本度量估算过程

估 算 项 目		估 算 值	备 注
软件规模估算结果（单位：功能点）		72.00	未进行功能吻合度调整
软件规模变更调整因子取值		1.39	根据项目阶段取值
调整后的软件规模（单位：功能点）		100.08	—
基准生产率（单位：人时/功能点）		4.08	行业基准数据乐观值
		7.10	行业基准数据中值
		12.37	行业基准数据悲观值
未调整工作量（单位：人日）		51.04	下限值
		88.82	中值
		154.75	上限值
调整因子	应用类型	1.00	业务处理系统
	质量特性	1.00	无特别限定
	开发语言	1.00	无特别限定
	开发团队背景	1.00	无特别限定
调整后的工作量（单位：人日）		51.04	下限值
		88.82	中值
		154.75	上限值

续表

估　算　项　目	估　算　值	备　　注
人月基准单价（单位：万元/人月）	2.8767	2019 年北京地区人月单价，不包含直接非人力成本[7]
基准报价（单位：万元）（不包含直接非人力成本）	6.75	下限值
	11.75	中值
	20.47	上限值

该项目的软件开发成本（不含直接非人力成本）的合理范围是 6.75 万～20.47 万元。

效果评价

（1）培养了内部专家团队，使得甲、乙双方对估算方法达成一致。通过对甲方、乙方参与人员进行同课堂一起培训，在培训过程中同步纠正双方对功能点的错误认识。

（2）引入快速功能点分析方法，对功能点分析方法进行优化，解决因项目特点、应用场景、问题视角不同而使估算结果产生分歧的难题，形成内部的功能点分析方法应用指南。

（3）快速、高效地完成了 2019 年新立项的 4 个重点项目的预算申报和审核。针对要立项的 4 个重点项目，甲、乙双方只召开了一次现场评审会（为期 1 天），就顺利完成了项目的预算审查，相比往年大大节约了人力成本。

（4）初步呈现了组织内部开发生产率与行业差异。通过数据分析找到了组织内部与行业情况的对比结果，以数据说话，明确了开发管理改进的方向，为进一步提升组织内部的开发生产率提供了客观依据。

5.2　国家某总局应用软件费用评估应用案例分析

应用背景

组织简介如下。

（1）单位类型：甲方。

（2）所属行业：政府。

（3）应用场景：招标。

（4）应用部门简介：该总局为国务院的正部级直属机构，其集中采购中心负责起草该系统内的政府采购规章制度及规范性文件，管理、指导、协调和监督总局系统内的政府采购工作，包括信息化软件项目采购。该总局信息化建设目前已进行三期第一阶段的开发建设，总局机关

---

[7] 人时、人日、人月的换算：1 人月等于 21.75 人日，1 人日等于 8 人时。

运行着 20 多个业务软件和 10 多个行政管理类软件，每年信息化投资上亿元。

该总局没有单独的软件开发团队，信息化项目的开发工作主要委托软件厂商进行。

面临问题

1. 进行商务谈判时，无据可依，全凭专家经验

信息化采购需统一按照政府采购流程进行，各项软件开发工作量的评估和谈判工作由谈判小组实施。而谈判文件中缺少明确的软件工作量评估的原则、方法及流程，以致谈判小组成员无据可依，全凭专家经验评估，导致谈判专家之间的评估误差很大。

2. 无法识别合理性报价

在信息项目招投标中，由于该总局业务系统较复杂，软件项目类型多种多样，包括新项目开发、升级完善、运行维护等类型软件系统，各投标商的报价方法五花八门，报价额度也千差万别，以致招标方无法合理识别投标商的报价，谈判双方口径不一致，谈判效率低下。

3. 系统延续性强，商务谈判地位处于弱势

由于该总局采购的大量项目是在既有业务系统上进行功能的修改、扩充及维护，因此延续性较强，不宜频繁更换供应商。谈判双方的知识背景不对称，使得商务谈判议价时甲方所提疑问经常被乙方所谓的复杂技术挡回，甲方无法了解真实的生产成本。

实施方案

对目前的项目类型特点、需求文档质量、成本管理诉求等方面进行现状分析，识别主要问题并提出针对性改进建议；利用快速功能点分析方法梳理产品体系，分析该总局典型业务系统，建立业务系统的《全量功能点清单列表》，包括系统功能、主要模块和功能点计数项等内容。

该总局牵头组织相关软件评估小组对各业务系统的规模进行初步估算，规模估算过程如图 5-2 所示。

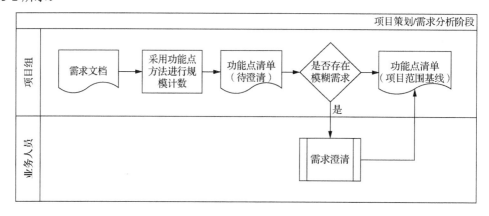

图 5-2 规模估算过程

在功能点计数过程中，若发现由于关键需求尚未澄清而无法确定功能点计数项的类型或数量，评估小组应要求业务或技术等相关部门人员进一步澄清需求，并记录需求澄清的结果。

下文以某文联管理系统为例，详细描述解决方案。

需求文档示例：

> 文联信息资料管理功能定义：本模块用于各种文件资料的发布、编辑、置顶、标记、统计、查询。
>
> "文件资料"指本网站涉及的各项目资料。各项目由具有管理权的用户进行定义、增删。"发布"指有权限的用户分项目将信息资料录入系统。
>
> "编辑"指有权限的用户对发布的信息资料进行修改、删除。
>
> "统计"指实时统计各项目（包括子项目）的数量。
>
> "查询"指用户可以通过输入关键字搜索相关信息资料。
>
> 文艺人才信息库功能定义：文艺人才基本信息的维护主要是提供各级维护管理本级机构文艺人才的基本信息，是为以后统计分析全系统文艺人才信息提供基础数据的核心功能模块。
>
> （1）编辑子功能。
>
> 特定权限组对文艺人才信息具有"编辑"权，编辑包括人员信息的录入、修改、删除。编辑过程中如删除人员信息，提示"是否确定删除"，对于已作标记的人员信息，要同时提示标记情况；提交编辑时应当同步记录编辑人员 ID，编辑时间。
>
> （2）统计子功能。
>
> 允许有权限的用户对权限内人员信息进行实时统计（总行对全部人员信息有统计权，分行和省会支行对本辖区发布的人员信息有统计权）；
>
> 统计时可指定单位类型、单位名称、人员姓名等条件，统计文艺人才的数量。
>
> （3）查询子功能。
>
> 查询时可通过发布时间、文章标题或关键字、单位名称、发布人姓名等条件进行查询；
>
> 查询结果可以转储为 PDF 文档格式。

1. 功能点规模计数

对上述需求进行功能点梳理，得到功能点清单，见表 5-4。

表 5-4　功能点清单

编号	子系统	一级模块	功能点计数项名称
1	文联门户系统	文联信息资料管理	文联信息资料信息
2			文联信息资料发布
3			文联信息资料修改

编号	子系统	一级模块	功能点计数项名称
4			文联信息资料删除
5			文联信息资料统计
6			文联信息资料查询
7		文艺人才信息数据库管理	文艺人才信息
8			文艺人才信息录入
9			文艺人才信息修改
10			文艺人才信息删除
11			文艺人才信息查询
12			文艺人才信息统计
13			文艺人才信息导出 PDF

经与相关业务负责人进行需求澄清及项目范围确认后，根据功能点清单得到功能点规模计数表，见表 5-5。

表 5-5　功能点规模计数

规模估算方法	估算功能点/个						
功能点合计	66						
调整后功能点	66						
编号	子系统	一级模块	功能点计数项名称	类别	UFP	重用程度	修改类型	US
1	文联门户系统	文联信息资料管理	文联信息资料信息	ILF	10.00	低	新增	10.00
2			文联信息资料发布	EI	4.00	低	新增	4.00
3			文联信息资料修改	EI	4.00	低	新增	4.00
4			文联信息资料删除	EI	4.00	低	新增	4.00
5			文联信息资料统计	EO	5.00	低	新增	5.00
6			文联信息资料查询	EQ	4.00	低	新增	4.00
7		文艺人才信息数据库管理	文艺人才信息	ILF	10.00	低	新增	10.00
8			文艺人才信息录入	EI	4.00	低	新增	4.00
9			文艺人才信息修改	EI	4.00	低	新增	4.00
10			文艺人才信息删除	EI	4.00	低	新增	4.00
11			文艺人才信息查询	EQ	4.00	低	新增	4.00
12			文艺人才信息统计	EO	5.00	低	新增	5.00
13			文艺人才信息导出 PDF	EQ	4.00	低	新增	4.00
合计/个					66			66.00

2. 选择调整因子

该项目所处阶段为招标阶段，根据 2019 年中国软件行业基准数据（CSBMK-201906），规模变更因子取值 1.22，无其他特殊要求，主要调整因子的取值见表 5-6。

表 5-6　主要调整因子的取值

调整因子类别	调整因子名称	取值	取值说明
规模变更因子	规模变更因子	1.22	招标场景
基准生产率（人时/功能点）	生产率中值	6.32	电子政务领域
工作量调整因子	应用类型	1.00	业务处理系统
	质量要求	1.00	大型系统一般性质量要求
人月基准单价（万元/人月）	人月基准单价	2.8767	北京地区

将规模测算结果和调整因子导入软件开发费用评估工具中，计算出软件开发的基准费用 8.41 万元（不含直接非人力成本）。该项目的软件开发成本（不含直接非人力成本）的合理范围为 6.73 万～10.10 万元。

3. 估算直接非人力成本

假设这个项目因其特殊性需租赁外部办公场所进行封闭开发，并且需要对开发团队实施某项技术的特定培训，那么，其直接非人力成本测试示例见表 5-7。

表 5-7　直接非人力成本测试示例

区分	费用估算/万元	备注	说明
办公费	1.20	需租赁外部办公场所进行封闭开发	开发方为开发此项目而产生的行政办公费用，如办公用品、通信、邮寄、印刷、会议等
差旅费	0.00	无出差	开发方为开发此项目而产生的差旅费用，如交通、住宿、差旅补贴等
培训费	1.00	需要做××技术的特定培训	开发方为开发此项目而安排的特别培训产生的费用
业务费	0.00	—	开发方为完成此项目开发工作所需辅助活动产生的费用，如招待费、评审费、验收费等
采购费	0.00	—	开发方为开发此项目而需特殊采购专用资产或服务的费用，如专用设备费、专用软件费、技术协作费、专利费等
其他费用	0.00	—	未在以上项目列出但确系开发方为开发此项目所需花费的费用
合计/万元			2.20

4. 估算软件开发费用

估算出的项目直接非人力成本为 2.2 万元，加上前面估算的软件开发基准费用（不含直接非人力成本）8.41 万元后，就可以得出该项目的软件开发费用估算中值，即 10.61 万元。

效果评价

（1）建立了软件项目费用评估体系。

建立了一套符合该组织软件项目特点和采购流程，并适用于新开发的、升级完善类、运行维护类项目的软件费用评估体系。将该体系嵌入该总局的集中采购中心谈判文件中，使得谈判小组及投标方在项目费用估算方法上采用一致的、客观的方法，成功地提高了谈判效率。

（2）第三方软件项目成本评估解决甲、乙方的分歧。

该总局 2019 年立项的某项目在招投标过程中，甲、乙方就项目开发费用产生了很大分歧，谈判陷入僵局。该总局的集中采购中心通过委托第三方软件造价评估机构，针对该项目进行第三方成本评估，评估结果客观地反映了项目开发的成本，既满足了甲方预算约束条件，又得到了乙方的认可。

5.3 某软件企业的软件开发成本估算应用案例分析

应用背景

组织简介如下。

（1）单位类型：乙方。

（2）所属行业：IT。

（3）应用场景：投标。

（4）应用部门简介：该企业曾承担国家火炬计划重点项目，并且是北京市"十百千工程"中 4 家千亿核心企业之一，为金融、电信、政府、制造业、军队、能源等行业客户提供涵盖应用软件开发、专业技术服务、系统集成、金融自助设备等的整合 IT 服务，有效促进了"工业化、城市化、信息化"的融合，在推进信息化建设的同时普惠市民是中国 IT 服务标准的推动者和先行者。该企业员工超过 5000 人，其中专业技术人员超过 1100 人。

面临问题

（1）项目内容技术含量较高，项目范围可变性大。

随着市场的变化，已经进入信息技术为核心的知识经济时代，用户的需求也存在模糊性和无限性，软件开发在建设范围内有一定的伸缩性，从而使得项目在预算、计划阶段就已经存在风险。

（2）乙方报价缺少较为权威的依据支撑，难以帮助甲方完成预算申报。

在进行销售公关时，甲方要求乙方根据业务需求文档给出相应的报价预算，报价需要有科学的方法或国家标准支撑，以便其在申请预算时，符合相关要求。

（3）在软件成本估算方面，专家经验法估算偏差大，容易导致项目亏损。

在软件成本估算方面，该企业内部没有相关体系、制度支撑，完全依赖专家经验法估算；对如何科学地度量软件成本了解较少，受制于专业造价人才的限制，使得相关工作难以开展，项目出现资源投入不足、工期延期甚至项目亏损的现象。

实施方案

（1）功能点分析方法导入培训。

培训对象涉及软件项目成本估算的相关人员，包括但不限于业务需求分析人员、项目经理、开发人员、测试人员、项目管理办公室（PMO）人员、质量保证人员等。

（2）估算流程标准化管理。

依据 GB/T 36964—2018，采用功能点分析方法对软件开发成本进行估算。项目估算流程包括软件规模估算、工作量估算、成本估算。系统功能点清单示意和软件开发成本估算结果分别见表 5-8 和表 5-9。

表 5-8　系统功能点清单示意

规模估算方法			估算功能点					
编号	子系统	模块	功能点计数项名称	类别	UFP	重用程度	修改类型	US
1	股金管理系统	股东信息维护	股东信息	ILF	4	低	新增	10
2			股东信息增加	EI	4	低	新增	4
3			股东信息修改	EI	4	低	新增	4
4			股东信息查询	EQ	10	低	新增	4
5		股金批量入股扩股	股金账户信息	ILF	4	低	新增	10
6			批量缴款	EI	4	低	新增	4
7			批量退款	EI	10	低	新增	4
8			批量入股	EI	4	低	新增	4
9			批量扩股	EI	4	低	新增	4
10			批量入股查询	EQ	10	低	新增	4
11			批量扩股查询	EQ	4	低	新增	4
12		股金转让/继承/赠予	股金转让	EI	4	低	新增	4
13			股金继承	EI	4	低	新增	4
14			股金赠予	EI	4	低	新增	4

表 5-9　软件开发成本估算结果

规模估算结果（单位：功能点）		1000.00	进行功能吻合度调整后
规模变更调整因子取值		1.22	项目招投标阶段
调整后规模（单位：功能点）		1220.00	—
基准生产率（单位：人时/功能点）		5.68	下限值
		7.10	中值
		8.52	上限值
未调整工作量（单位：人月）		39.37	下限值
		49.22	中值
		59.06	上限值
调整因子	应用类型	1.20	科技类
	质量特性	1.00	中等
	开发语言	1.00	Java
	开发团队背景	0.80	为本行业开发过类似软件
调整后工作量（单位：人月）		37.80	下限值
		47.25	中值
		56.70	上限值
人月基准单价（单位：万元/人月） 不包含直接非人力成本		2.80	组织级数据
成本（单位：万元）		105.83	下限值
		132.29	中值
		158.75	上限值

效果评价

（1）方法易掌握，可快速应用到实际工作中。

基于国家标准的软件成本估算方法中的功能点分析方法和行业基准数据，在项目招投标阶段对软件项目的工作量和成本进行合理地估算。最大的优势在于方法易掌握，可快速应用到实际工作中。

（2）建立了组织级估算模型，确保估算结果的准确性。

利用软件组织自身的历史项目数据建立本组织的估算模型。在成功引入快速功能点分析方法后，不但各部门在估算方法上达成了一致，并且首批接受培训的多名项目经理在课程实践练习环节使用实际项目进行成本估算测试时，整体估算偏差较小，确保了项目成本估算结果的准确性，为后续建立组织级估算模型奠定了基础。

5.4　某银行的软件成本度量体系建设应用案例分析

应用背景

组织简介如下。

（1）单位类型：内部乙方。

（2）所属行业：金融。

（3）应用场景：内部项目管理。

（4）应用部门简介：该银行是大型国有银行，拥有非常高的信息化程度，是金融领域的代表性企业。该银行软件中心是科技体系建设的重要组成部分，负责内部应用软件的统一管理、开发、技术支持等。该银行的信息化建设以自主开发为主，拥有独立的开发团队，团队成员有数千人，并处在快速发展过程中。

面临问题

（1）如何量化开发部门的产出和价值。

随着该银行组织级量化管理的不断提升，高层领导对信息化管理的量化提出了新的要求。在金融信息化方面每年投入了大量的人力进行开发，工作量（人日）相当大，如何能客观地量化相应的产出和价值？

（2）传统功能点（IFPUG）方法难以应用在项目早期。

2008 年，该银行软件中心引入传统功能点分析方法，主要在项目需求规格说明书确定之后使用。随着该银行软件中心管理流程的变化，需要在项目早期立项阶段就进行功能点计数，而传统功能点分析方法无法在项目早期进行可靠的计数。

由于产品类型复杂、性质差距较大，若用传统功能点既有因子统一估算，则导致不同项目类型之间的估算误差较大。

（3）已有的项目工作量估算方法主观性较强，缺乏相对客观、稳定的验证手段。

已有估算模型在建立过程中，为了满足管理需要，依靠专家经验对相关的调整因子进行了调整和定义。同时，又人为地引入了其他偏差因素，导致模型估算结果不稳定，带来了其他的管理难题。

（4）估算及评审人员能力尚待提高。

该银行内部的估算专家团队背景及经验不同，导致不同专家在对功能点及估算方法的具体理解上有一定的偏差。同时，由于专家团队人员较多，能力参差不齐，每年参与实践的机会又较少，整体估算技能及实践水平尚待提高。

实施方案

在面临上述问题的同时，该银行还有以下 3 个方面的特点。

（1）有较好的量化管理基础，积累了大量历史数据。

（2）开发团队规模大，质量要求高。

（3）有长期的功能点分析方法实践经验，同时也形成了一些错误认识，积累了一些管理方面的难题。

针对上述特点及面临的问题，该银行软件开发过程改进团队在外部专家的指导下，制定了以下策略。

1. 深入现状调研，梳理历史项目

鉴于该银行有一定的功能点分析方法理论基础及实践经验，首先需要充分了解用户功能点分析方法的应用基础，并用快速功能点分析方法对历史项目数据进行梳理。梳理历史项目工作流程如图 5-3 所示，主要工作包括以下两大项。

（1）调研及需求分析，通过访谈、摸底考试、数据分析、文档检查等多种方式，对功能点分析方法应用人员进行调研，主要包括推行功能点分析方法的驱动力、应用和管理现状、使用过程、人员估算能力、实践水平及面临问题。

（2）历史项目功能点计数，帮助用户使用快速功能点分析方法完成全部 45 个系统的计数，计数规模达到 160000 余个功能点。

2. 成本度量方法优化

首先，基于 GB/T 36964—2018《软件工程 软件开发成本度量规范》和近 700 个项目的历史数据进行分析研究，以获得该银行的开发基线数据。其次，在功能点分析方法深化应用的同时，提出适合该银行项目的定制规则，有效平衡宏观量化管理需求与微观场景合理计数的冲突，保证定制的计数规则尽可能适用于全项目和场景；同时计数的结果依然具备客观性并可横向比较，以保证数据的有效性。最后，根据用户项目特点及历史数据对方法进行验证和持续改进。成本度量方法优化工作流程如图 5-4 所示。

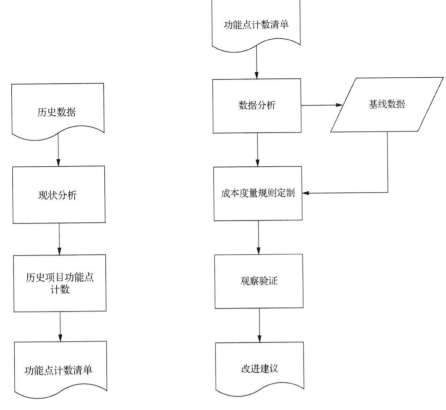

图 5-3　梳理历史项目工作流程　　　　图 5-4　成本度量方法优化工作流程

主要工作包括以下 3 项。

（1）对历史数据进行深入的相关性分析和回归分析，以获得可靠的快速功能点估算模型及各产品生产率基线。

（2）提出适合该很行项目及系统的特性因子并进行观察验证，初步搭建完整的功能点、工作量估算体系框架，以及基于功能规模的人力资源规划、绩效评价体系。

（3）总结功能点分析方法优化和持续改进建议。

估算模型见表 5-10。

表 5-10　估算模型

规模估算方法	估算功能点	请选择规模估算方法，默认为"估算功能点"分析方法	
是否异常系统	—	默认为"否"	
异常系统生产率	—	单位：人时/FP	
系统类别	渠道类	—	
规模合计/FP	40.00	—	
规模变更调整因子	1.22	—	
人月费率/（万元/人月）	2.71	费用合计/万元	5.89

编号	子系统	模块	功能点计数项名称	类别	UFP	修改类型	工作量
1	自助设备统一平台	客户信息展示	VIP 客户信息	ILF	10	新增	10
2			新建 VIP 客户信息	EI	4	新增	4
3			删除 VIP 客户信息	EI	4	新增	4
4			修改 VIP 客户信息	EI	4	新增	4
5			查询 VIP 客户信息	EQ	4	新增	4
6			查询客户信息（CRM 系统）	EQ	4	新增	4
7		设备监控	设备信息表	ILF	10	新增	10
合　计					40		40.00

3. 全面提升人员能力，深化功能点分析方法应用

针对该银行项目管理条线、开发条线、测试条线的人员，提供培训指导，在对相关人员开展培训并要求持证上岗的同时，通过交叉评审加深对关键知识点的理解并形成常见问题解答知识库，不断修订和丰富功能点分析方法应用指南。

主要工作包括以下 4 项。

（1）根据调研结果，由内、外部专家共同确定针对该银行软件中心的功能点分析方法及流程的优化，按照优化后的方法定制培训课件。

（2）为该银行软件中心各部门管理者提供方法介绍培训，使管理者了解新方法的基本技术思路及适用范围。

（3）为开发人员提供方法导入培训，使之能够遵循行业标准，运用快速功能点分析方法在项目早/中期合理估算项目规模，并使用符合甲方项目特点的估算模型及工具，合理估算项目成本、工作量、工期。

（4）方法导入完毕后，学员选取历史项目，利用快速功能点分析方法进行规模估算，并总结日常工作问题，形成问题知识库及应用指南。

4. 组织级成本度量应用

项目管理组按季度将本季度结束的项目相关成本度量数据纳入组织级度量数据库中。项目管理组每年对项目的关键指标（如缺陷密度、生产率等）进行评价及持续改进，每年对各系统生产率、缺陷密度等进行更新。年终对生产率、缺陷密度等情况进行预警。

效果评价

（1）引入快速功能点，解决了项目早期估算难题。

在该银行软件中心原有的功能点体系中，引入并建立了适合软件中心项目早期立项阶段的快速功能点估算标准，弥补了传统功能点分析方法在项目早期估算不足的难题，完善了项目整个周期的估算。

（2）对功能点分析方法进行优化，满足软件中心的量化管理要求。

通过对已有的功能点估算的方法、过程、数据进行梳理、分析，制定了优化方案，建立了适合项目不同阶段、不同产品线、不同应用场景的功能点分析方法应用指南。

（3）初步建立从功能点到工作量的估算模型。

通过对已有历史项目数据进行分析，初步建立了以数据分析为基础的针对不同产品线的估算模型。定制了功能点详细计算规则，包括数据仓库项目的计算规则以及 17 项新提出的特性因子等。

（4）培养认证一批估算专家人才，提升了专家团队的技能水平。

通过对项目经理、业务主管、过程改进人员、开发骨干等 144 人进行统一的标准化估算方法培训，并引入了严格的软件工程造价师认证考试，筛选了 116 名符合行业标准的软件工程造价师，为软件成本估算方法落地奠定了人才基础。

5.5　某电信运营商的需求工时标准化管理应用案例分析

应用背景

组织简介如下。

（1）单位类型：甲方。

（2）所属行业：电信。

（3）应用场景：需求管理。

（4）应用部门简介：该电信运营商的业务主要包括基于固定电信网络的语音、数据、互联网、图像及多媒体通信与信息服务业务；国内、国际各类电信网络的网元出租业务；进行国际电信业务对外结算；根据市场发展需要，经营国家批准或允许的其他业务及区域性电信业务等。目前，开发项目多采用外包方式。

面临问题

（1）需求缺乏量化管理支撑。

缺乏需求知识库，无法清晰描述本企业软件资产，无法准确量化需求的大小；甲、乙双方对需求的量化规模没有统一的认识，甲、乙双方无法准确量化项目成本、范围、进度、工作量等，从而使得项目在预算、立项阶段就已经注定失败的命运。

（2）信息化部门业绩和供应商绩效管理不完善。

信息化部门每年能管控多少规模的需求开发任务，是否每年都在提升，提升多少；供应商产品质量、交付、服务和价格如何评估，该如何促进供应商不断改善和提升，这些问题都需要解决。

实施方案

该电信运营商的特点主要表现在以下 3 个方面。

（1）开发项目多采用外包方式，供应商绩效管理缺乏统一的考核指标和体系。

（2）预算依据经验估算工作发生的人日数，结算依据实际发生的人日数。

（3）需求迫切（有大型项目亟待申报预算）。

针对上述特点，该电信运营商制定了以下实施策略。

1. 功能点分析方法基础建设

对目前的需求管理、成本度量、项目类型特点等进行现状分析，识别主要问题并提出针对性改进建议；利用功能点分析方法梳理、划分电信公司整体产品体系，分析电信公司典型业务系统，建立《全功能项列表》和《全功能点列表》，包括系统全功能、子功能、功能点列表；评审试点系统功能项的完整程度。

工作流程如图 5-5 所示，主要工作包括以下两大项：

（1）现状分析。用户基本情况访谈、工作计划的制订、试点系统的选择。

（2）需求工时标准化基础建设。整理整个公司系统列表，梳理试点系统的《全功能项列表》和《全功能点列表》，评审试点系统功能项的完整程度。

2. 需求工时标准化管理

鉴于该电信运营商长期负责信息化项目的建设与规划，已形成自有的开发管理流程及管理模式，同时项目多以增强开发为主，可根据度量结果逐步建立功能点字典，以提供后续评估工作的效率及一致性，降低评估难度和成本。同时，需要基于行业标准成本度量模型和行业基准数据建立电信公司需求工时标准化模型,以持续优化相关管理制度,提升管理能力。

工作流程如图 5-6 所示,主要工作包括以下两大项:

(1)对项目的需求稳定性、项目类型、供应商特点等进行现状分析。搜集本公司历史项目数据,经过对多个厂商、多个项目的统计分析后,计划基准比对过程,主要包括选择度量数据、选择试点供应商、选择基准比对数据集等活动。

(2)针对不同的试点厂商建立各试点系统的生产率、功能点单价等基准比对参数。功能点成本基线示意如图 5-7 所示。

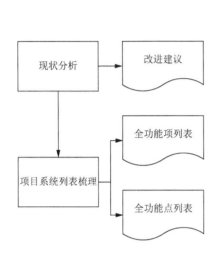

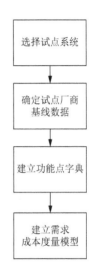

图 5-5　功能点分析方法基础建设工作流程　　　图 5-6　需求工时标准化管理工作流程

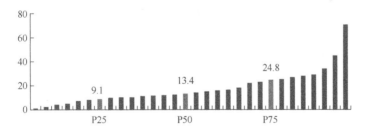

图 5-7　功能点成本基线示意

(3)计算试点系统的各功能项的规模、工作量、成本等信息,形成功能点字典;对于大型产品,可以选择常见功能或模块进行计数;同时根据历史数据,测算每个系统的功能点耗时率或功能点单价。

(4)由于电信行业的特殊性,对某类项目采用较特殊的定制规则,同时明确定制规则与标准规则的宏观转换关系,以保证横向及行业比对时的数据有效性。

(5)通过建立分级(功能项或功能点)的标准规范、模型和工具,快速准确地计算软件工作量、成本、工期。功能点字段示例见表 5-11。

表 5-11　功能点字段示例

规模估算方法						估算功能点					
编号	子系统	一级模块	功能点计数项名称	类别	UFP	新增工作量/（人日）	修改工作量/（人日）	联调测试工作量/（人日）	新增功能费用/元	修改功能费用/元	联调测试费用/元
1			缴费查询	EQ	4	8	6.4	1.6	10000	8000	2000
2			缴费	EQ	4	8	6.4	1.6	10000	8000	2000
3			补打发票	EQ	4	8	6.4	1.6	10000	8000	2000
4	PX 缴费系统		交易流水确认	EQ	4	8	6.4	1.6	10000	8000	2000
5			缴费查询查复	EQ	4	8	6.4	1.6	10000	8000	2000
6			日终对账	EO	5	10	8	2	12500	10000	2500
7			对账信息未收到时手工发送	EQ	4	8	6.4	1.6	10000	8000	2000

3. 方法导入及审核

在引入新的需求管理方法的同时，不应忽略相关过程的建设及人员能力的持续提高，对相关人员进行培训，对需求工时标准化管理的使用进行试点并改进，最终能够在整个电信公司推广需求工时标准化管理体系。

效果评价

（1）循序渐进，持续改进。

本期改进以基础性建设为主，成功导入需求管理方法，初步建立了功能点分析方法。在导入方法时，选择了代表性项目进行试用并收集试用意见；根据试用情况对方法及相关模板进行适应性调整。在建立评价体系的同时，明确了未来的改进方向，以便持续改进。

（2）注重过程的建设及人员能力的持续提高。

通过软件工程造价师的培养，在本公司内部建立了专业的估算专家队伍，使用科学客观的方法进行不同业务领域的项目估算，为信息化部门的决策提供可靠的依据。

5.6　某人民法院审理软件成本案件委托第三方协助司法鉴定应用案例分析

应用背景

组织简介如下。

（1）单位类型：第三方。

（2）所属行业：政府。

（3）应用场景：项目结算、司法鉴定。

（4）应用部门简介：某人民法院接到一个案件，案件缘由是甲、乙双方无法就软件项目工作量、成本达成共识，各执一词，甲方拒绝支付乙方软件开发费用，最终乙方将甲方告上法院。该案件的关键点是如何合理评价该软件项目客观的工作量、成本，使被告和原告方达成共识。由于司法系统内无单位有能力提供相关鉴定结论，使得案件审理陷入僵局。

面临问题

（1）甲方不认可软件项目工作量估算方法。

在该案件审理中，乙方（原告）根据软件行业比较常见的软件项目工作量、成本估算方法对该项目进行了估算，并向法院提交了估算结果。由于估算方法主观性较强，并且所用数据缺乏依据，甲方（被告）拒绝接受乙方的估算结果。

（2）司法系统内缺乏权威的成本评估方法。

由于软件本身的特殊性，其开发工作量、成本影响的因素非常多，目前国内司法系统缺乏对此类项目进行成本鉴定的权威方法，无法提供有效的依据来解决原告和被告的诉讼分歧。

实施方案

查询具有权威的成本评估和鉴定方法。通过市场调研找到了专业的第三方软件造价评估机构，依据国家标准《软件工程　开发成本度量规范》），第三方对软件项目的工作量、成本进行科学、客观的评估。

第三方软件造价评估基本工作流程如图 5-8 所示。

在估算前，第三方从该人民法院处获取涉案软件项目特征和项目范围描述资料，并以取得的资料作为评估依据。

在评估过程中，首先根据项目《需求规格说明书》，确定项目范围及功能需求描述的粒度。经确认，该项目为升级改造类项目，由于项目需求已确定，且需求文档较详细，满足使用估算功能点分析方法进行规模计数的条件。但是，又由于项目的保密性，需求文档不方便直接给出。第三方通过查阅项目资料并与开发方进行需求澄清，使用快速功能点分析方法估算出该项目规模为 3627.67FP。其次，根据该项目的特点（业务处理）、所处的阶段（项目结算），选择相应的调整因子。依据相关行业数据，项目结算的规模变更因子通常取值 1.00。该系统属于业务处理系统，因此应用类型的调整因子取值 1.00。

将规模测算结果和调整因子导入软件费用评估模板中，再参照行业基准数据确定基准生产率，根据开发团队所在地域设定人员基准单价，就可以计算出基准报价（直接非人力成本除外）。

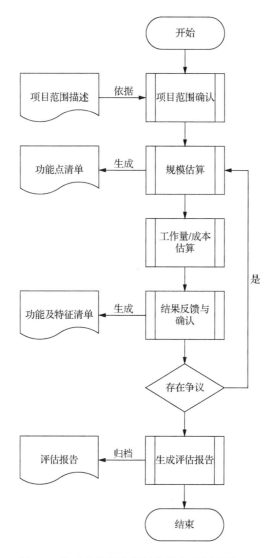

图 5-8　第三方软件造价评估基本工作流程

效果评价

（1）案件成功审理完毕。

由于出具的第三方评估报告所采用的方法符合行业标准，采用的调整因子来自行业基准数据，出具报告的第三方又是有着权威地位的行业协会，使得原告、被告无理由拒绝评估结果。最终双方达成共识，法院依照评估报告的结果进行了宣判。

（2）为司法系统填补了软件项目工作量、成本评估的空白。

该案件的审理模式及审理依据为今后国内类似案件的审理提供了非常有效的参考依据。

第 6 章 《软件测试成本度量规范》标准解读

6.1 标准概述及其结构、范围和引用文件说明

6.1.1 概述

国家标准 GB/T 32911—2016《软件测试成本度量规范》已于 2016 年 8 月 29 日发布，于 2017 年 3 月 1 日正式实施。该标准规定了软件测试成本度量的过程、方法和相关调整因子，本章对该标准的各部分内容进行详细的解读，以便读者更好地理解和应用。

6.1.2 标准的结构

GB/T 32911—2016 包括 6 章和附录 A。

标准的前 3 章为标准的必备要素：第 1 章为范围，第 2 章为规范性引用文件，第 3 章为相关的术语与定义。第 4～6 章为标准的主体内容：第 4 章为软件测试成本的构成，第 5 章为软件测试成本的各项调整因子的说明与取值范围，第 6 章为软件测试成本度量的原则和过程。

附录 A 依据标准的定义给出了一个完整的测试成本度量示例。

6.1.3 标准的范围

【标准原文】

> 本标准规定了软件测试成本的构成、软件测试成本度量的过程、软件测试成本度量的应用。
>
> 本标准适用于软件测试项目的成本预算、项目决算以及测试相关合同的编制。

【标准解读】

GB/T 32911—2016 适用于甲方内部的软件成本估算、乙方的投标，或在第三方评估机构和 IT 审计机构进行软件测试成本度量时使用。详细的适用场景可参考第 8 章。

GB/T 32911—2016 也可用于项目预算与项目结算时的结果比较，为项目执行过程的改进提供依据。

6.1.4 标准中的规范性引用文件

该标准的第 2 章列举了所引用的其他标准。

【标准原文】

> 下列文件对于本文件的应用是必不可少的。凡是注日期的引用文件，仅注日期的版本适用于本文件。凡是不注日期的引用文件，其最新版本（包括所有的修改单）适用于本文件。
>
> GB/T 18492—2001《信息技术系统及软件完整性级别》。
>
> GB/T 25000.51—2010《软件工程 软件产品质量要求与评价（SQuaRE）商业现货（COTS）软件产品的质量要求和测试细则》。
>
> ISO/IEC 19761《软件工程 COSMIC：一种功能规模测量方法》（Software engineering—COSMIC: a functional size measurement method）。
>
> ISO/IEC 20926《软件和系统工程 软件度量 IFPUG 功能规模测量方法 2009》（Software and systems engineering—Software measurement—IFPUG functional size measurement method 2009）。
>
> ISO/IEC 20968《软件工程 MkⅡ功能点分析 计数实践手册》（Software engineering—MkⅡ Function Point Analysis—Counting Practices Manual）。
>
> ISO/IEC 24570《软件工程 NESMA 功能规模测量方法 2.1 版 功能点分析应用定义和计数指南》（Software engineering—NESMA functional size measurement method version 2.1 —Definitions and counting guidelines for the application of Function Point Analysis）。
>
> ISO/IEC 29881《信息技术 系统和软件工程 FiSMA 1.1 功能规模测量方法》（Information technology—Systems and software engineering—FiSMA 1.1 functional size measurement method）。

【标准解读】

GB/T 18492—2001 用于指导如何确定软件完整性调整因子。

GB/T 25000.51—2010 包含产品说明的评审要求、用户文档集的评审要求和软件质量的评定要求，对测试人工工作量的估算具有指导意义[8]。

ISO/IEC 19761、ISO/IEC 20926、ISO/IEC 20968、ISO/IEC 24570 和 ISO/IEC 29881 分别提供 5 种功能分析方法，在对软件规模进行功能点测量时，标准的使用方应选择其中一种或多种，参考标准中的具体方法进行度量。

---

[8] GB/T 25000.51—2010 目前已被 GB/T 25000.51—2016《系统与软件工程 系统与软件质量要求和评价（SQuaRE）第 51 部分：就绪可用软件产品（RUSP）的质量要求和测试细则》替代。

6.2 软件测试成本概述及其构成

6.2.1 概述

GB/T 32911—2016 中所定义的软件测试成本包含直接成本和间接成本两部分。

直接成本是指为了完成测试项目而支出的各类人力资源和工具资源的综合,直接成本的开支仅限于测试生存周期,包括测试人工成本、测试环境成本和测试工具成本等。

间接成本是服务于软件测试项目的管理组织成本,间接成本的开支可能会超出测试生存周期,包括办公成本和管理成本等。

6.2.2 直接成本

6.2.2.1 测试环境成本

【标准原文】

> 测试环境成本可包括但不限于下列成本:
> ——测试所需要的硬件环境的成本;
> ——测试所需要的软件环境的成本;
> ——开发测试所需要的硬件环境的成本;
> ——开发测试所需要的软件环境的成本。

【标准解读】

该标准中规定的测试环境成本分两部分:一部分是测试执行过程中所需的软/硬件环境,包含测试所需的硬件环境的成本和测试所需的软件环境的成本;另一部分是测试设计和实现过程中所需的软/硬件环境,包含开发测试所需的硬件环境的成本和开发测试所需的软件环境的成本。开发的测试环境与具体的测试用例无关,而是测试过程中所需共享的环境。例如,硬件驱动、接口等。

需要注意的是,测试环境成本指的是人力成本,即搭建软/硬件环境时的人工开销,而不是软/硬件本身的成本,应和测试工具成本有所区分。

测试环境成本的度量可按照测试生存周期中测试环境设计搭建过程进行估算,也可按照测试人工成本的一定比例进行估算。

6.2.2.2　测试工具成本

【标准原文】

> 测试工具成本是为测试而购买的测试软件和测试设备的费用以及在测试过程中使用已有设备的折旧费用和维护费用。测试工具成本包括测试机构自有工具成本和/或租借工具成本。
>
> a）测试机构自有工具成本可按照如下步骤给出：
>
> 1）计算设备原价：设备原价包括外购设备的成本，包括购买原价、相关税费、运输和安装费用、服务费等。
>
> 2）确定固定资产使用寿命：确定固定资产使用寿命时应考虑到预计的生产能力；预计有形损耗和无形损耗；测试工具的授权用户数、版权费、与客户需求的匹配度；法律或相关规定对固定资产使用的限制。
>
> 3）可选用的折旧方法包括年限平均法、工作量法等。
>
> * 年限平均法：将固定资产按预计使用年限平均计算折旧均衡地分摊到各期。
>
> 固定资产年折旧额=固定资产应计折旧额/固定资产预计使用年限
>
> * 工作量法：按照固定资产预计可完成的工作量计算折旧额。
>
> 单位工作量折旧额=固定资产应计折旧额/预计总工作量
>
> 4）确定测试工具每年的维护费。
>
> 5）以每年 200 个工作日计，按照具体的测试工期，分摊每年的折旧费和维护费。
>
> b）租借工具成本按照具体租借费用另外计算。

【标准解读】

测试工具成本是测试过程中所用到的软/硬件工具的成本。标准中测试工具成本的构成分为自有工具成本和租借工具成本两部分。

自有工具成本的估算可依据设备原价（包含服务费）以及设备的寿命来计算。设备的折旧方法可按照设备的特性来确定，可根据实际使用情况规定其天数。例如，安全扫描软件的使用具备时效性，在获得软件使用授权一年后就失去了其相应的作用，此时该设备的使用寿命可视为一年。

例如，某设备原价为 100000 元，5 年后报废（每年按 200 个工作日计），年维护费为原价的 20%。按照年限平均法，若某测试项目使用该设备 5 天，则该设备的工具成本为（100000/5+100000×20%）/200×5=1000 元。

租借工具成本则按照租借单价乘以租借时间来计算。租借工具单价可由统一的许可协议或合同约定。例如，云环境的租用成本可按供应商提供的云环境实际价格来计算。

6.2.2.3 测试人工成本

【标准原文】

> 测试人工成本包括测试项目组成员的工资、奖金、福利等人力资源费用。其中，项目成员包括参与该项目测试过程的所有测试或支持人员，如项目经理、需求分析人员、设计人员、测试人员、部署人员、质量保证人员、配置管理人员等。对于非全职投入该项目测试工作的人员，按照项目工作量占其总工作量的比例折算其人力资源费用。测试人工成本由产品说明评审、用户文档集评审和软件测试 3 个部分组成。

【标准解读】

测试人工成本是软件测试成本的主要构成部分。依据 GB/T 25000.51—2010 第 5 章的要求，软件产品要求分为产品说明要求、用户文档集要求和软件质量要求，因此，该标准中的测试人工成本也由产品说明评审、用户文档集评审和软件测试 3 个部分构成。

1. 产品说明评审

【标准原文】

> 对软件产品说明进行评审，应按照 GB/T 25000.51—2010 对产品说明的可用性、内容、标识与标示等方面进行评审。

【标准解读】

该标准规定产品说明评审的要求应按照 GB/T 25000.51—2010 进行，包括可用性、内容、标识与标示等方面。产品说明评审工作量的度量可按照软件测试工作量的比例计算，或者依据历史项目经验进行估算。

2. 用户文档集评审

【标准原文】

> 对用户文档集进行评审，应按照 GB/T 25000.51—2010 对用户文档集的完备性、正确性和一致性等方面进行评审。

【标准解读】

该标准规定用户文档集评审的要求应按照 GB/T 25000.51—2010 进行，包括完备性、正确性和一致性等方面，同时还应对文档进行技术特性的评审。用户文档集评审工作量的度量可按照软件测试工作量的比例计算。

3. 软件测试

【标准原文】

软件测试工作，按实际工作量（人日）来计算成本。

软件测试工作量可按照以下两种方式进行度量：

a）依据软件测试生存周期，按照各个阶段给出测试成本。软件测试生存周期包含以下阶段：

1）测试需求：根据软件需求规格说明确定测试需求；

2）测试策划：确定测试的内容或质量特性，确定测试的充分性要求；

3）测试策略或方法的选择：根据测试要求、送测软件文档和测试规范，确定测试的方法；

4）测试环境准备：准备测试需求的各种环境，测试代码开发，包括设计驱动模块和桩模块；

5）测试数据准备：测试执行前，为进行测试准备一组可以验证的数据；

6）测试用例开发：测试用例设计，包括自动化测试时的录制和编辑测试脚本；

7）测试执行：依据测试用例执行软件测试，并记录测试结果，包括手工测试和/或自动化测试；

8）测试结果分析：对测试执行过程中所产生的结果输出进行分析；

9）测试报告编制：整理编制并发布测试报告；

10）测试评估：对测试进行分析及评审，包括测试的收益、软件将来可能存在的风险。

b）依据功能点法进行软件规模度量。应按照 ISO/IEC 19761、ISO/IEC 20926、ISO/IEC 20968、ISO/IEC 24570 和 ISO/IEC 29881 等标准给出具体的独立可参照的规模方法及度量方法依据。在给出度量结果时，宜指明所采用的规模度量方法。

针对最终给出的功能点数目，按照每个功能点 K 人日的工作量给出测试成本，K 的取值范围应为 0.5～1.0。

注：软件规模度量过程中所产生的费用应由送测方承担。

【标准解读】

该标准给出了两种软件测试工作量的估算方法，即依据测试生存周期估算和依据功能点分析方法进行软件规模度量。

依据测试生存周期度量方法主要在测试方依据历史测试经验，对相同规模软件的测试进行快速估算的情况。例如，乙方采用敏捷开发方式进行软件开发时，每个迭代周期内进行测试工作量估算；或者第三方测评机构对小规模软件的测试进行快速估算。标准中所列出的测试生存周期的各阶段并非所有测试项目都必须具备的，可依据实际情况删减，但标准的使用方必须说明各阶段所做工作或度量依据。

依据功能点分析方法度量软件规模适用于大部分软件测试项目，包括甲方成本估算、乙方测试估算和第三方测评估算。但前提条件是需求已十分详细，功能点需求非常明确，能够满足功能规模测量所需的各项要素。该标准列举了 5 种常见功能点分析方法的标准：

（1）ISO/IEC 19761（COSMIC）。

（2）ISO/IEC 20926（IFPUG）。

（3）ISO/IEC 20968（Mk II）。

（4）ISO/IEC 24570（NESMA）。

（5）ISO/IEC 29881（FiSMA）。

标准的使用方首先选择功能点分析方法，并按照相应的标准进行度量。度量后所得到的功能点按照每个功能点消耗 K 人日换算得到测试工作量。K 值可按照所需测试软件质量特性以及分配测试人员的资质水平来确定。例如，针对测试难度较高的性能测试，K 值应适当提高，仅进行功能性测试时，K 值则应适当降低。

6.2.3　间接成本

6.2.3.1　办公成本

【标准原文】

> 办公成本是测试人员为了测试某个项目而产生的行政办公费用，可包括但不限于下列成本：
>
> ——测试场地；
>
> ——办公用品；
>
> ——通信；
>
> ——印刷；
>
> ——会议。
>
> 注：办公成本可以包括以上所述的各项产生的费用，但不限于以上几种，本标准的使用者可以对本标准中列出的各项进行增加、删除和修改。

【标准解读】

间接成本中的办公成本指进行测试时非直接的花费，主要包括场地、印刷、交通、会议费等。标准的使用方应详细列出各项的支出预算以及预算依据。

6.2.3.2　管理成本

【标准原文】

> 　　管理成本是确保测试在软件生存周期内得到顺利实施，并达到预期的效果所产生的费用。管理成本可包括但不限于下列成本：
> 　　——测试团队组织管理成本；
> 　　——测试计划管理成本；
> 　　——缺陷跟踪管理成本；
> 　　——测试文档管理成本；
> 　　——测试过程的监控成本。

【标准解读】

　　间接成本中的管理成本是对测试项目进行跟踪管理所产生的费用。项目的管理一般不会针对某一具体项目，而是服务于多个项目，因此管理成本应由各项目进行分摊。一般来说，标准的使用方可依据各自单位的项目管理费进行分摊。

6.3　软件测试成本概述及其调整因子

6.3.1　概述

　　由于软件本身的特性和各种客观条件，在通过对软件测试人工工作量度量之后，仍需要对工作量进行调整。该标准的第 5 章给出了各项调整因子的说明与取值范围，标准的使用者可依据第 5 章对软件测试人工工作量进行调整。

6.3.2　软件复杂性

【标准原文】

> 　　软件复杂性可以从软件的规模、难度和结构等方面进行度量。软件复杂性的调整因子的取值如表 1 所示。
> 　　被测软件的复杂性可按照以下特性来进行度量：
> 　　——存在大量的控制或者安全设施；

——系统规模较大，子模块较多且相互影响关联，或需与其他系统对接使用；

——非简体中文软件；

——存在大量的逻辑处理或处理过程复杂；

——存在大量的数学处理或算法复杂。

表1　软件复杂性程度的调整因子的取值

复杂性程度	描　　述	调整因子的取值
低	没有出现上述任何一个特性	1.0
中	出现上述特性中的一个特性	1.1～1.2
高	出现上述特性中的两个或两个以上特性	1.3～1.5

【标准解读】

软件复杂性程度是指软件本身由于功能、规模或结构方面具有一定的复杂性而导致测试难度增大，增加了测试工作量。该标准列举了软件复杂性的特性范围，标准的使用方可依据软件的实际情况识别出各功能模块中存在的复杂性特性，进行详细描述，并注明与哪条复杂性特性对应。该标准中给出的是复杂性特性的建议，具体使用时可依据实际情况进行增删。软件复杂性不局限于一个功能模块，而应当从整个系统的结构来考虑，软件复杂性描述示例见表6-1。

表6-1　软件复杂性描述示例

复杂性情况描述	标准中对应特性
本系统采用分布式管理架构,各子系统间采用异步方式进行通信	系统规模较大,子模块较多且相互影响关联,或需与其他系统对接使用

最后，依据复杂性程度确认软件复杂性调整因子。需要注意的是，在多个功能模块都对应一条特性的情况下，也按照出现一个复杂性特性选取调整因子。

6.3.3　软件完整性

【标准原文】

软件完整性级别是系统完整性级别在包含软件部件或仅包含软件部件或仅包含软件的子系统上的分配。按照 GB/T 18492—2001 给出的软件完整性级别来确定调整因子的取值，如表2所示。

表 2　软件完整性调整因子的取值

软件完整性级别	调整因子的取值
A 级	1.6～1.8
B 级	1.3～1.5
C 级	1.1～1.2
D 级	1.0

【标准解读】

软件完整性调整因子是依据 GB/T 18492—2001 给出的系统完整性级别来确定调整因子的取值范围的，软件完整性可由系统完整性推出。需要注意的是，在 GB/T 18492—2001 中涉及的风险是指软件本身的风险，而非软件测试的风险，需与测试风险度调整因子进行区别。

在 GB/T 18492—2001 中，首先应当识别软件风险，然后确定风险发生的频率和后果的严重程度，并依据风险矩阵确定风险等级和软件完整性级别，软件完整性示例见表 6-2。

表 6-2　软件完整性示例

系统风险	发生频率	后果严重性	风险等级	完整性级别
软件本身风险的描述（如信息泄露）	偶然	严重	低	C
其他风险	间接	次要	低	C

GB/T 18492—2001 还给出了完整性级别的调整方法，具体使用时应参照 GB/T 18492—2001 进行完整性级别的确定。

当软件完整性级别确定后，应参照标准确定其调整因子，并给出相应的依据。

6.3.4　测试风险度

【标准原文】

软件本身的复杂性以及测试的特点决定了测试活动中风险的大量存在。可能的测试风险由以下部分构成：

a）被测试软件的领域有特殊要求；

b）测试需求不明确；

c）被测软件与测试文档不一致；

d）测试过程中测试方与开发方因沟通等而导致不可预计的风险。

依据上述测试风险，表 3 给出测试风险调整因子的取值。

表3　测试风险调整因子的取值

风险程度	描　　述	调整因子取值
低	没有出现上述任何一个特性	1.0
中	出现上述特性 b）、c）、d）中的一个特性	1.1～1.2
高	出现上述特性 a），或者 b）、c）、d）中的两个或两个以上特性	1.3～1.5

【标准解读】

测试风险度指的是软件测试过程中可能会产生的风险。该标准列举了测试风险的范围，标准的使用方可依据被测软件的实际情况列举出相应的风险，并注明与标识中哪条风险特性对应，软件测试风险描述示例见表6-3。

表6-3　软件测试风险描述示例

风险情况描述	标准中对应特性
软件测试中产生风险的描述（例如，被测软件中涉及医学领域背景会对测试活动产生风险）	被测试软件的领域有特殊要求

最后，依据出现的风险特性数量确定调整因子。需要注意的是如果软件中一条风险特性出现多次的情况下，也按照一个风险特性来取调整因子。

6.3.5　回归测试

【标准原文】

回归测试是指修改了旧代码以后，重新进行测试以确认修改没有引入新的错误或导致其他代码发生错误。回归测试调整因子的取值范围为 0.6～0.8。

【标准解读】

回归测试等同于在原本的软件测试项目中额外增加了测试工作量。回归测试之前应当确定所需进行回归测试的软件模块以及对应的功能点，依据回归工作量来确定调整因子。

回归测试调整分为3种情况：

（1）在需要回归的功能点数或工作量较少且测试环境等均可复用的情况下，可简化处理，将该部分工作量直接作为测试工作量计算，不单独使用调整因子进行调整。

（2）在回归测试功能点数或工作量接近原始项目工作量的情况下，应采用调整因子进行调整。回归测试一经启动，则调整因子值不宜小于0.6。

（3）在回归测试工作特性、范围与原始项目差异较大的情况下，应另立项目进行成本估算。

6.3.6 加急测试

【标准原文】

> 加急测试可能引发增加测试人员或测试人员加班等现象，从而导致测试成本增加。加急测试调整因子的取值范围为 1.2～3.0。

【标准解读】

在甲、乙双方认可工作量的情况下，如甲方要求在正常工作期限之前完成测试工作，可进行加急测试调整。加急测试调整因子主要是根据加急所产生的加班导致人工成本上升，其具体取值视加急程度而定，但最大值不应超过 3.0。

6.3.7 现场测试

【标准原文】

> 现场测试由于测试环境离开了测试实验室会导致额外的成本增加。现场测试调整因子的取值范围为 1.0～1.3。

【标准解读】

测试项目依据甲方要求或因客观原因必须在现场进行测试的，可进行工作量调整。现场测试主要产生的工作量是现场环境的设计和搭建所产生的额外人工工作量。需要注意的是，现场测试所产生的交通差旅费属于间接成本中的办公成本，不应在现场测试调整因子中体现。

6.3.8 测评机构资质

【标准原文】

> 依据测评机构所获得的国家、行业、地方授权的权威资质等进行调整。测评机构资质调整因子的取值范围为 1.0～1.2。

该项调整因子仅适合第三方测评机构。具有国家、行业、地方授权的第三方测评机构可依据自身的资质确定调整因子的值。

6.4 软件测试成本度量

6.4.1 软件测试成本度量流程

6.4.1.1 度量原则

【标准原文】

> 在成本估算过程中，应遵循以下原则：
>
> a）在需求极其模糊或不确定时，宜采用类比法或类推法，直接粗略估算工作量和工期，也可直接粗略估算成本；
>
> b）对于有明确工期要求的项目，工期要求可作为调整因子之一；
>
> c）间接成本宜按直接成本的百分比来计算；
>
> d）工期估算结果与测试人力成本估算结果及其他成本估算结果相互关联并可能互相影响。如工期估算的结果有可能导致重新估算工作量和测试非人力成本，并最终改变软件测试成本估算结果；
>
> e）规模估算时，应根据项目特点和需求的详细程度选择合适的估算方法；
>
> f）工作量、工期、成本的估算结果宜为一个范围而不是单一的值；
>
> g）成本估算过程中宜采用不同的方法分别估算并进行交叉验证。如果不同方法的估算结果产生较大差异，可采用专家评审方法确定估算结果，也可使用较简单的加权平均方法。

【标准解读】

标准的本条款给出了成本估算过程中的一些原则：

> a）在需求极其模糊或不确定时，宜采用类比法或类推法，直接粗略估算工作量和工期，也可直接粗略估算成本；

在一些测试项目中，由于软件本身提供的文档材料不齐全，导致难以使用功能点分析方法进行准确的规模度量。此时宜采用类比法或类推法，依据软件测试生存周期的各个过程，粗略估算工作量，或可直接估算工期和成本。

b）对于有明确工期要求的项目，工期要求可作为调整因子之一；

通常情况下，软件测试工作量确定后，测试方会给出工期估算。如果甲方对工期有明确要求且与测试方工期估算结果差异过大，则测试方可要求对测试成本进行调整。

c）间接成本宜按直接成本的百分比来计算；

为达到快速估算测试成本的目的，测试间接成本时，可按照直接成本的比例计算，通常情况下间接成本的比例不超过直接成本的20%。

d）工期估算结果与测试人力成本估算结果及其他成本估算结果相互关联并可能互相影响，如工期估算的结果有可能导致重新估算工作量和测试非人力成本，并最终改变软件测试成本估算结果；

通常情况下，测试工期与软件规模相关，即与测试人工工作量相关。但某些情况下工期估算结果会与测试人工工作量估算结果有较大差异，导致测试成本需要重新估算。

e）规模估算时，应根据项目特点和需求的详细程度选择合适的估算方法；

测试项目的规模估算方法应根据项目特点和需求来确定。例如，被测软件规模较小，则直接快速地估算出其工作量；若被测软件规模较大且需求详细，则应采用功能点分析方法测量其规模。

f）工作量、工期、成本的估算结果宜为一个范围而不是单一的值；

通常情况下，软件测试成本度量应用于测试成本的估算和报价，与最终的测试成本有所差异。因此，在进行工作量、工期和成本估算时，估算结果值宜为一个合理的范围，以期该范围能包含最终的测试成本。

g）成本估算过程中宜采用不同的方法分别估算并进行交叉验证。如果不同方法的估算结果产生较大差异，可采用专家评审方法确定估算结果，也可使用较简单的加权平均方法。

单一的成本估算会导致估算结果不准确，因此该标准中推荐采用多个不同的方法进行估算，以达到交叉验证的目的。如果各个方法的估算结果差异较大，可邀请专家进行估算，由此产生的专家评审费计入间接成本。

6.4.2 测试人工成本工作量估算

6.4.2.1 估算准备

【标准原文】

> 工作量估算前，应：
>
> a）对测试项目风险进行充分分析。风险分析时应考虑技术、管理、资源、商业多方面因素。例如需求变更、外部协作、时间或成本约束、人力资源、系统架构、用户接口、外购或复用、采用新技术等；
>
> b）根据经验或相关性分析结果，确定影响工作量的主要属性：
>
> ——应用领域；
>
> ——质量要求，如可靠性、易用性、效率、维护性、可移植性等；
>
> ——采用技术，如开发平台、编程语言、系统架构、操作系统、测试工具软件等；
>
> ——测试团队，如测试方组织类型、团队规模、人员能力等；
>
> ——过程能力，如测试方过程成熟度水平、管理要求等。
>
> c）选择合适的工作量估算方法。

【标准解读】

标准的本条款说明了软件测试成本估算的前期工作。

> a）对测试项目风险进行充分分析。风险分析时应考虑技术、管理、资源、商业多方面因素。例如需求变更、外部协作、时间或成本约束、人力资源、系统架构、用户接口、外购或复用、采用新技术等；

对于信息化项目来说，风险控制是必要的环节。在测试成本估算结果之前应当首先进行风险识别，编制风险表格，对高危风险采取必要的规避措施。除此之外，也用于确定软件完整性调整因子和测试风险度调整因子。

> b）根据经验或相关性分析结果，确定影响工作量的主要属性：
>
> ——应用领域；

被测软件的应用领域对测试工作量有着重要的影响。例如，医疗卫生、生物制药、交通运输等行业软件的测试需要大量的背景知识，对测试人员的专业知识要求也较高，额外增加了软件测试的工作量。

——质量要求，如可靠性、易用性、效率、维护性、可移植性等；

通常软件测试工作主要针对软件功能进行测试。若需要对其他特性（如软件可靠性或性能效率）进行测试，则需要更专业的测试工具设备以及更多的测试工作量。

——采用技术，如开发平台、编程语言、系统架构、操作系统、测试工具软件等；

如果被测软件采用较为冷门的技术或运行环境平台，那么该软件的测试工作对测试人员的技术水平提出了更高的要求，同时搭建测试环境也需要更多的工作量。

——测试团队，如测试方组织类型、团队规模、人员能力等；

测试机构培训和提升测试人员的能力需要更多的运营成本，该项成本应在测试成本中体现。

——过程能力，如测试方过程成熟度水平、管理要求等。

较高等级的过程能力会产生更多额外的工作量，此部分工作量应计入测试成本。

c）选择合适的工作量估算方法。

依据项目的实际情况选择合适的工作量度量方法。

6.4.2.2 估算与调整

【标准原文】

估算工作量时，应根据本标准第5章所述的调整因子进行工作量调整。

宜采用不同的方法分别估算工作量并进行交叉验证。如果不同方法的估算结果产生较大差异，可采用专家评审方法确定估算结果，也可使用较简单的加权平均方法。

估算工作量时，宜给出估算结果的范围而不是单一的值。

【标准解读】

工作量的估算应采用不同的方法进行交叉验证，并根据验证结果进行调整。

6.4.3 度量公式

【标准原文】

软件测试成本度量可按如下公式计算：

a）软件测试的人工成本工作量计算：

$$UW = TW + SR + DR$$

式中，

UW——未调整的软件测试人工工作量，单位为人日；

TW——软件测试工作量，单位为人日；

SR——产品说明评审工作量，SR=TW×10%，单位为人日；

DR——用户文档集评审工作量，DR=TW×20%，单位为人日。

b）软件测试成本调整因子计算：

$$DF = C \times I \times R \times U \times X \times A \times (1 + n \times T_r)$$

式中，

DF——软件测试成本调整因子；

C——软件复杂性调整因子，取值范围为 1.0～1.5；

I——软件完整性调整因子，取值范围为 1.0～1.8；

R——测试风险调整因子，取值范围为 1.0～1.5；

U——加急测试调整因子，取值范围为 1.0～3.0；

X——现场测试调整因子，取值范围为 1.0～1.3；

A——测评机构资质调整因子，取值范围为 1.0～1.2；

T_r——回归测试调整因子，取值范围为 0.6～0.8；

n——回归测试次数。

注：因项目变化导致需要重新进行工作量估算时，应根据该变化的影响范围对工作量估算方法及估算结果进行合理调整。

c）测试人工成本计算

$$LC = UW \times DF \times s$$

式中，

LC——测试人工成本，单位为元；

UW——未调整的软件测试人工工作量，单位为人日；

DF——软件测试成本调整因子；

s——工作量单价，依据当地平均收入水平调整，单位为元/（人日）。

d）测试工具成本计算：

$$IC = OT + RT$$

式中，

IC——测试工具成本，单位为元；

OT——自有工具成本，参考本标准 4.1.2 节进行度量，单位为元；

RT——租借工具成本，依据租借费用另行估计，单位为元。

e）软件测试直接成本计算：

$$DC = LC + EC + IC$$

式中：

DC——直接成本，单位为元；

LC——测试人工成本，单位为元；

EC——测试环境成本，宜不超过软件测试人工成本的20%，单位为元；

IC——测试工具成本，单位为元。

f）软件测试成本计算：

$$STC = DC + IDC$$

式中，

　　STC——软件测试成本，单位为元；

　　DC——直接成本，单位为元；

　　IDC——间接成本，宜不超过直接成本的20%，单位为元。

软件测试成本度量示例参考附录A。

【标准解读】

a）软件测试的人工成本工作量计算：

测试人工成本的工作量主要依据软件测试人工工作量计算而得到。首先度量软件规模，得到测试人工工作量；产品说明评审和用户文档集评审可按照测试人工工作量的比例计算得到，一般情况下，两者的比例分别为10%和20%；最终把三者相加得到测试人工成本。

b）软件测试成本调整因子计算：

软件测试成本的调整因子是在测试人工工作量基础上进行调整的。调整依据：对被测软件及测试项目的各项情况进行分析，得到各个测试成本调整因子，最终计算出总调整因子。

c）测试人工成本计算：

测试人工成本依据调整后的测试人工工作量和工作量单价计算得到。其中，工作量单价由测试机构所在地的行业平均薪资水平确定。

d）测试工具成本计算：

测试工具成本应单独计算，分别计算自有工具成本和租借工具成本。

e）软件测试直接成本计算：

软件测试直接成本包含测试人工成本、测试环境成本和测试工具成本。其中，测试人工成本和测试工具成本由前面计算步骤得到，测试环境成本可按测试人工成本的比例计算得到，不宜超过测试人工成本的20%。

> f) 软件测试成本计算:

软件测试成本由直接成本和间接成本构成,直接成本由前面计算步骤得到,间接成本可按直接成本的比例计算得到,不宜超过直接成本的 20%。

软件测试成本度量流程如图 6-1 所示。

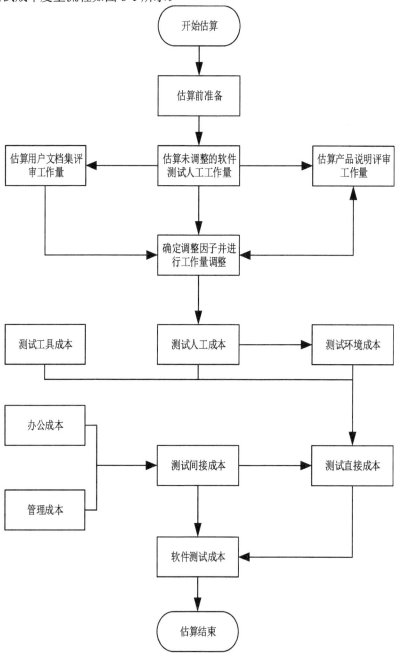

图 6-1 软件测试成本度量流程

6.5 标准资料性附录

【标准原文】

附 录 A
（资料性附录）
度量示例

A.1 概述

本附录给出某软件测评的成本度量示例。

A.2 度量项

0.1 给出了软件测试成本度量各项成本及各因子的系数的示例。

A.3 测试成本度量

按 6.2 节计算软件测试成本：

a）软件测试的人工成本工作量计算：

$$UW=TW+SR+DR=10+1+2=13（人日）$$

b）软件测试成本调整因子计算：

$$DF=C×I×R×U×X×A×(1+n×T_r)=1.0×1.0×1.0×1.0×1.0×1.0×(1+0.6)=1.6$$

c）测试人工成本计算：

$$LC=UW×DF×s=13×1.6×1000=20800（元）$$

表 A-1 软件测试成本的各项成本及各调整因子取值示例

产品名称		OA 系统
直接成本 DC	测试工具成本 IC	设备原价：1000000 元，5 年报废（按每年 200 个工作日计算） 年维护费为原价的 20% 工具实际使用 5 天
	测试环境成本 EC	以人工成本的 20%计
	测试人工成本 LC	软件测试人工工作量 TW：采用 IFPUG 方法度量功能点，最终结果为 10 人日
		产品说明评审 SR：1 人日
		用户文档集评审 DR：2 人日
间接成本 IDC		以直接成本 20%计
调整因子 DF	软件复杂性调整因子 C	取值 1.0
	软件完整性调整因子 I	取值 1.0
	测试风险调整因子 R	取值 1.0
	回归测试调整因子 T_r	取值 0.6，回归次数：1 次
	现场测试调整因子 X	取值 1.0
	加急测试调整因子 U	取值 1.0
	测评机构资质调整因子 A	取值 1.0
工作量单价 s		1000 元/（人日）

d）测试工具成本计算：

选用年限平均法，固定资产年折旧额=固定资产应计折旧额/固定资产预计使用年限，测试工具成本=固定资产年折旧额+维护费用，工具使用每年按 200 个工作日算，工具实际使用时间为 5 天：

$$OT=（1000000/5+1000000×20\%）/200×5=10000（元）$$

无租借设备：

$$RT=0（元）$$

总的测试工具成本：

$$IC=OT+RT=10000+0=10000（元）$$

e）软件测试直接成本计算：

$$DC=LC+EC+IC=20800+20800×20\%+10000=34960（元）$$

f）软件测试成本计算：

$$STC=DC+IDC=34960+34960×20\%=41952（元）$$

【标准解读】

本标准附录 A 给出了一个软件测试成本的计算示例。该示例未提供软件规模度量方法以及各调整因子的取值说明，仅按照该标准的第 6 章度量公式计算得到了软件测试成本。更为详细的测试成本度量案例在本书第 9 章介绍。

第 7 章　软件测试成本标准实施指南

7.1 概述

GB/T 32911—2016 描述了软件测试成本的预计值估算或实际值测量、分析的过程。预算指的是根据项目成本估算的结果确定预计项目测试费用的过程。本章从甲方、乙方和第三方预算角度，对如何开展测试成本估算工作给出指导，而不涉及编制预算的其他方面。

本节主要目的是指导预算活动各相关方，基于 GB/T 32911—2016 有效开展成本估算工作，并为确定软件项目测试预算提供科学依据。

本节明确了基于 GB/T 32911—2016 和基准数据开展成本估算相关活动的方法与步骤，并通过示例，明确了典型应用场景的估算及调整方法。对于其他特殊情况，相关人员应根据本节及 GB/T 32911—2016 中的相关原则，结合项目特点，选择适当的估算方法或对估算结果进行合理调整。

7.2 甲方预算场景

甲方预算场景可分为招标预算、需求变更再预算和核算三大场景。

7.2.1 招标预算

招标预算是指甲方项目在招标前依据其详细需求对项目成本进行预估。根据是否有类似项目的历史数据和类似项目的生存周期的生产率数据（含管理工作量及测试数据），该场景分以下两种情况。招标预算流程如图 7-1 所示。

7.2.1.1 场景一

1. 场景描述

该场景的情况如下：

（1）有类似项目的历史数据。

（2）有类似项目的生存周期的生产率数据（含管理工作量及测试数据）。

（3）有详细需求。

注：类似项目的历史数据是指已完成的与甲方预估算项目相类似的项目数据（含项目测试数据），下同。

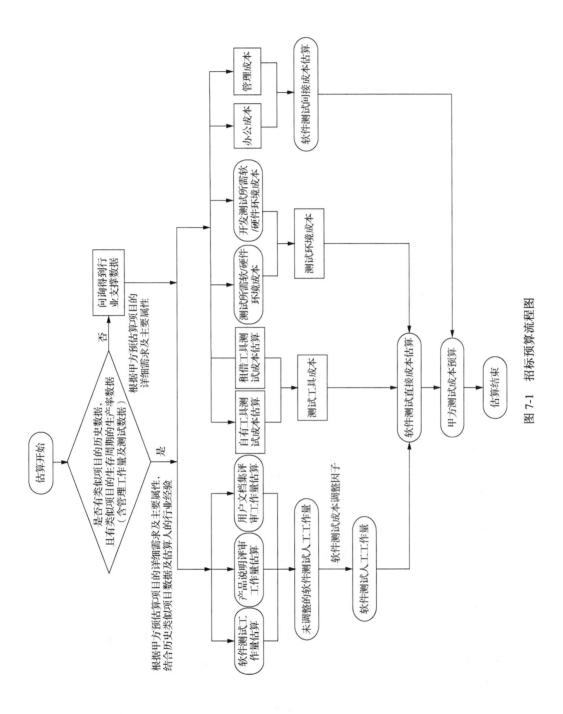

图 7-1　招标预算流程图

2. 场景特点

在该场景下，可根据甲方项目详细需求及其主要属性，并结合类似项目历史数据及估算人的行业经验，进行甲方测试成本预算，难度相对适中。

3. 估算过程

（1）根据甲方预估算项目的详细需求及其主要属性，并结合类似项目历史数据及估算人的行业经验，估算软件测试工作量、产品说明评审工作量（约为软件测试工作量的 10%）及用户文档集评审工作量（约为软件测试工作量的 20%），从而得到未进行调整的软件测试人工工作量。

（2）基于软件复杂性、完整性、加急等多因素的影响，利用软件测试成本调整因子估算软件测试人工成本。

（3）测试工具成本可根据甲方的类似项目历史数据及估算人的行业经验得出。

（4）根据类似项目历史数据及估算人的行业经验，测试环境成本约为测试人工成本的 20%，测试间接成本约为测试直接成本的 20%，从而估算软件测试环境成本及测试间接成本。

（5）最后汇总得到软件测试成本。

7.2.1.2 场景二

1. 场景描述

该场景情况如下：
（1）无类似项目的历史数据。
（2）无类似项目的生存周期的生产率数据（含管理工作量及测试数据）。
（3）有详细需求。

2. 场景特点

在该场景下，既无类似项目历史数据，也无估算人的行业经验可依据，需要寻求第三方或行业数据支撑。因此，工作量加大，预算难度较大。

3. 估算过程

（1）根据甲方预估算项目的详细需求及其主要项目属性，估算软件测试工作量、产品说明评审工作量（约为软件测试工作量的 10%）及用户文档集评审工作量（约为软件测试工作量的 20%），从而得到未进行调整的软件测试人工工作量。

（2）基于软件复杂性、完整性、加急等多因素的影响，利用软件测试成本调整因子估算软件测试人工成本。

（3）由于无类似项目历史数据，会造成工作量的估算缺乏依据、工具的使用缺乏依据，给甲方项目估算带来挑战。因此，需要寻求第三方或行业数据作为估算支撑，可以问询表的方式获得行业支撑数据。测试工具使用价格问询表示例见表 7-1。

表 7-1　测试工具使用价格问询表示例

测试工具使用价格问询表			
			编号：
工具名称：		征询单位：	
工具用途：		联系电话：	
		使用方式：	租赁/购买服务
		报价：	
技术指标：			

（4）根据行业经验，测试环境成本约为测试人工成本的 20%，测试间接成本约为测试直接成本的 20%，从而得到估算软件测试环境成本及测试间接成本。

（5）最后汇总得到软件测试成本。

7.2.2　需求变更预算

需求变更预算是指甲方项目在招标后依据其业务发展需求对项目成本进行再次预估，需求变更再预算流程图如图 7-2 所示。根据甲方项目实际需求的变更情况，该场景分以下 3 种情况。

7.2.2.1　场景一

1. 场景描述

在甲方项目变更的功能点数或工作量较少且测试环境等均可复用的情况下，可以简化处理，将该部分工作量直接作为测试工作量计算，不单独使用调整因子进行调整。

2. 场景特点

在该场景下，甲方预估算项目需求变更小且测试环境等均可复用。因此，变更部分的测试成本可忽略不计。

3. 估算过程

无。

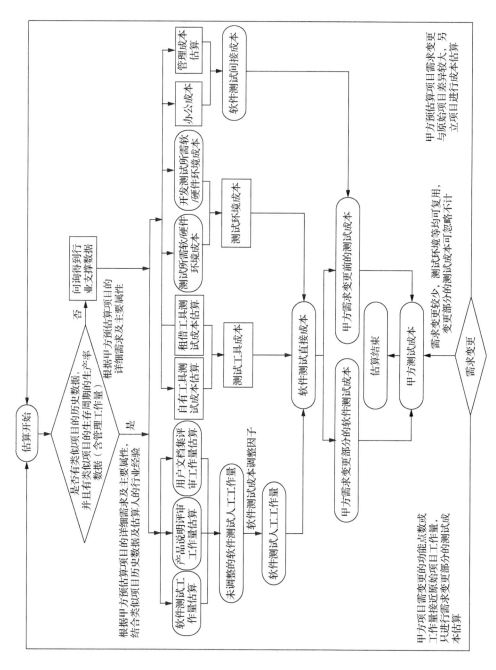

图 7-2 需求变更再预算流程图

7.2.2.2　场景二

1. 场景描述

当甲方项目变更的功能点数或工作量接近原始项目的工作量时，应采用调整因子进行调整。回归测试一经启动，则调整因子值不宜小于 0.6。

2. 场景特点

在该场景下，甲方预估算项目需求变更接近原始项目的工作量。因此，需求变更部分的测试成本应与变更前的软件测试成本累加。

3. 估算过程

（1）若甲方项目有类似项目的历史数据，并且有类似项目的生存周期的生产率数据（含管理工作量及测试数据），则需求变更部分的估算过程可与 7.2.1 节中的场景一的估算过程一致；若甲方项目无类似项目的历史数据，并且无类似项目的生存周期的生产率数据（含管理工作量及测试数据），则需求变更部分的估算过程可与 7.2.1 节中的场景二的估算过程一致。

（2）需求变更部分的测试成本与需求变更前的测试成本之和即软件测试成本。

7.2.2.3　场景三

1. 场景描述

当甲方项目需求变更与原始项目差异较大时，将会导致测试工作特性、范围与原始项目差异较大，应另立项目进行成本估算。

2. 场景特点

在该场景下，甲方预估算项目需求变更与原始项目差异较大，应另立项目进行成本估算。

3. 估算过程

若另立项目有类似项目的历史数据，并且有类似项目的生存周期的生产率数据（含管理工作量及测试数据），估算过程可与 7.2.1 节中的场景一的估算过程一致；若另立项目无类似项目的历史数据，并且无类似项目的生存周期的生产率数据（含管理工作量及测试数据），估算过程可与 7.2.1 节中场景二的估算过程一致。

7.2.3　内部核算

内部核算是指软件研发完成并投入使用后，甲方根据软件开发、测试的实际情况对软件成本进行核对，内部算流程图如图 7-3 所示。根据甲方项目实际开发情况，该场景分以下 3 种情况。

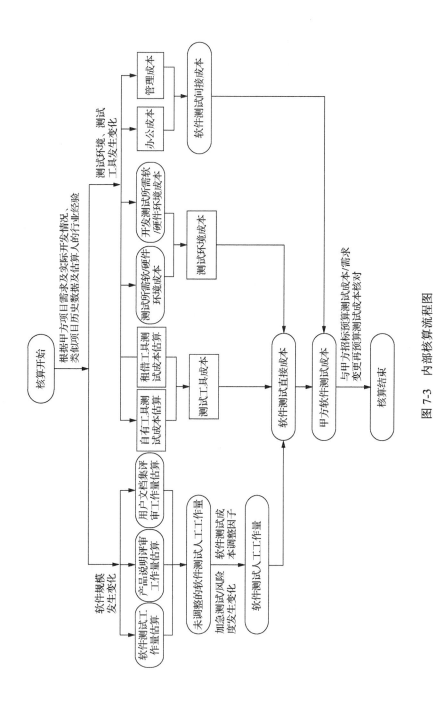

图 7-3　内部核算流程图

1. 场景描述

该场景的情况如下。

（1）甲方项目实际规模与预估规模发生变化，但测试环境等均不变。

（2）甲方项目测试环境、测试工具发生变化，但测试人工工作量等均不变。

（3）甲方项目工期发生变化，需要加急测试或风险度发生变化，但测试人工工作量、测试环境、测试工具等均不变。

2. 场景特点

在该场景下，甲方项目实际规模发生变化，导致软件测试人工工作量随之改变。

3. 估算过程

（1）根据甲方项目已完成的实际情况，核算软件测试工作量、产品说明评审工作量及用户文档集评审工作量，从而得到未进行调整的软件测试人工工作量。

（2）基于软件复杂性、完整性、加急等多因素的实际影响，利用软件测试成本调整因子核算软件测试人工成本。

（3）根据测试工具的实际价值、实际使用情况，核算测试工具成本。

（4）根据开发测试、测试所需的软/硬件环境、办公成本和管理成本的实际价值，核算软件测试直接成本和间接成本。

（5）最后，汇总得到软件测试成本。

7.3　乙方预算场景

乙方预算场景可分为投标预算、项目变更预算和内部核算三大场景。

7.3.1　投标预算

乙方软件测试项目的投标可能与该软件研发项目的投标齐头并进，此时软件的需求未必完全明确，因此分为需求明确和需求不明确两种场景。投标预算流程图如图 7-4 所示。

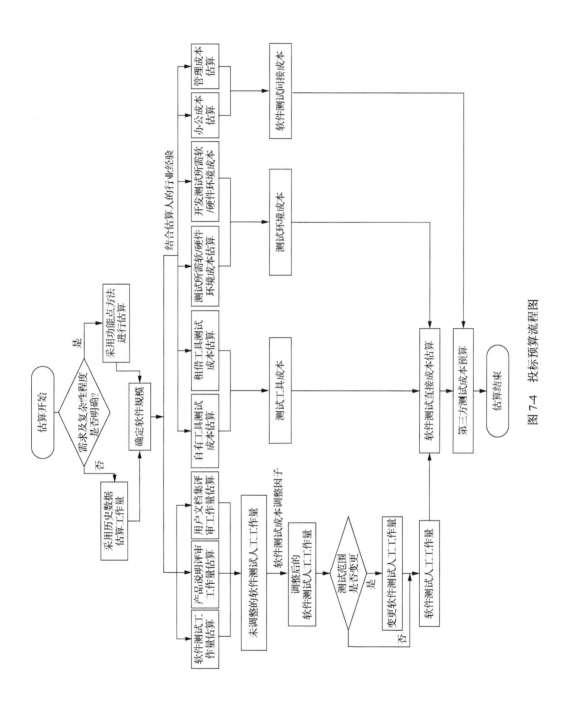

图 7-4 投标预算流程图

7.3.1.1 场景一

1. 场景描述

该场景的情况如下：

（1）有类似项目的历史数据。

（2）甲方已提供详细需求。

2. 场景特点

在此场景下，乙方会并行参与软件研发与软件测试的投标活动，因此，对软件研发成本与软件测试成本的估算也会同时展开。此时，甲方已有详细的需求，若可支撑功能点分析方法估算软件规模，则应采用功能点分析方法进行估算，或采用研发成本估算时得到的软件规模。

3. 估算过程

（1）在甲方需求已明确的前提下，可采用功能点分析方法估算软件规模或根据软件研发成本估算过程中所得到的软件规模，以此估算软件测试工作量、产品说明评审工作量及用户文档集评审工作量。

（2）若能够依据现有文档及材料识别出软件的复杂性、完整性及测试风险，则可利用相应的调整因子对未调整的测试人工工作量进行调整，估算出软件测试人工成本。

（3）估算测试工具成本，包括为测试购买的测试软件和测试设备的费用，以及在测试过程中使用已有设备的折旧费用和维护费用。测试工具成本的估算可参考乙方已有的类似测试项目测试的历史数据。

（4）按照软件测试人工成本的一定比例，估算软件测试环境成本，并按照软件测试直接成本的比例估算测试间接成本（包括办公成本和管理成本）。

（5）最后，汇总得到软件测试成本。

7.3.1.2 场景二

1. 场景描述

该场景的情况如下：

（1）有类似项目的历史数据。

（2）甲方仅给出了可行性方案。

2. 场景特点

在此场景下，乙方会并行参与软件研发与软件测试的投标活动。因此，对软件研发成本与软件测试成本的估算也会同时展开。此时，若甲方需求尚不明确，则可依据乙方已有的类似项目测试的历史数据，对软件测试生存周期的各个过程进行估算。

3. 估算过程

（1）在甲方需求尚不明确的前提下，可依据乙方已有的类似测试项目的历史数据，对软件测试生存周期的各个过程估算其人工工作量，按照该工作量的一定比例，估算出产品说明评审工作量及用户文档集评审工作量。

（2）在需求不明确的情况下，可能无法识别出软件的复杂性、完整性及测试风险，因此不建议进行工作量调整。

（3）估算测试工具成本，包括为测试购买的测试软件和测试设备的费用，以及在测试过程中使用已有设备的折旧费用和维护费用。测试工具成本的估算可参考乙方对类似测试项目历史数据。

（4）按照软件测试人工成本的一定比例，估算软件测试环境成本，并按照软件测试直接成本的比例估算测试间接成本（包括办公成本和管理成本）。

（5）最后，汇总得到软件测试成本。

7.3.2 项目变更预算

项目变更是由甲方提出需求方面的变更而导致测试工作量的额外增加。进行项目变更预算时，需判断变更部分是否与原软件版本中的部分模块有关联。若有关联，则在测试时需考虑所关联的模块。项目变更预算流程图如图 7-5 所示。

7.3.2.1 场景一

1. 场景描述

该场景的情况如下：
（1）有详细需求、设计及相关文档。
（2）有详细的研发过程质量保证文档。
（3）仅有新增需求。

2. 场景特点

由甲方提出项目需求变更，新需求仅在原需求的基础上新增了相应的功能，并且不与原软件各功能有关联。此时，规模度量仅需考虑新增部分的软件规模。

3. 估算过程

（1）乙方可依据现有的文档对新增部分的需求采用功能点分析方法估算软件规模，并按照该工作量的一定比例，估算出相应产品说明评审工作量及用户文档集评审工作量。

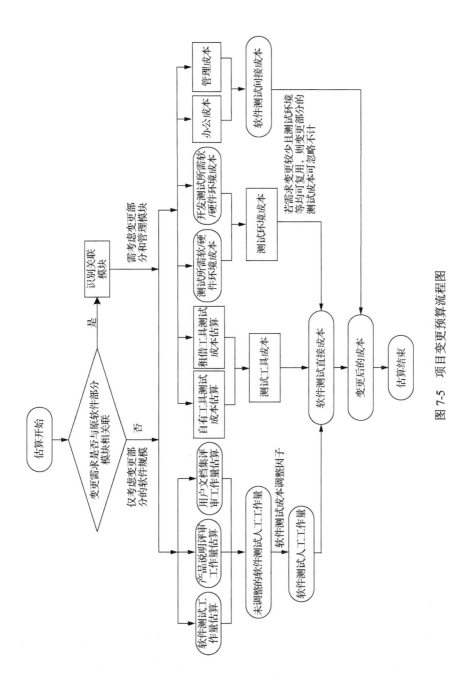

图 7-5　项目变更预算流程图

（2）软件的复杂性、完整性及测试风险仅考虑新增需求，不考虑原软件的相关特性。若有新增部分的功能需求具有相关特性，则进行调整。

（3）估算测试工具成本，测试工具成本仅考虑新增需求所使用的工具成本。测试环境可沿用原软件的测试环境，因此不再另行估算测试环境成本。

（4）按照软件测试直接成本的比例估算测试间接成本（包括办公成本和管理成本）。

（5）最后，汇总得到软件测试成本。

7.3.2.2 场景二

1. 场景描述

该场景的情况如下：

（1）有详细需求、设计及相关文档。

（2）有详细的研发过程质量保证文档。

（3）涉及原需求的变更。

2. 场景特点

由甲方提出项目需求变更，新需求在原需求的基础上进行变更，并且与原软件的部分功能存在关联。此时，规模测量需考虑变更部分及关联部分的软件规模。所需测量规模的软件模块示意如图 7-6 所示。

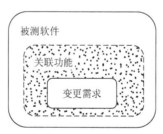

图 7-6　所需测量规模的软件模块示意

3. 估算过程

（1）乙方应先识别变更需求后与变更模块的关联模块，再采用功能点分析方法估算软件规模。同时，按照该工作量的一定比例，估算出相应产品说明评审工作量及用户文档集评审工作量。

（2）软件的复杂性、完整性及测试风险应考虑变更需求以及与原软件的关联功能模块。若具备相关特性，则进行调整。

（3）估算测试工具成本，测试工具成本仅考虑待测部分所使用的工具成本。测试环境可沿用原软件的测试环境，因此不另行估算测试环境成本。

（4）按照软件测试直接成本的比例估算测试间接成本（包括办公成本和管理成本）。

（5）最后，汇总得到软件测试成本。

7.3.3　内部核算

乙方在测试结束后需要根据软件测试的实际情况对软件成本进行核对。内部核算流程图如图 7-7 所示。

1. 场景描述

该场景的情况如下：

（1）有详细需求、设计及相关文档。

（2）有详细的研发过程质量保证文档。

2. 场景特点

测试项目完成后乙方已具备了完整的项目文档以及研发过程质量保证文档，同时可依据实际测试情况得到测试的工作量。

3. 核算过程

（1）根据测试项目已完成的实际情况，核算软件测试工作量、产品说明评审工作量及用户文档集评审工作量，从而得到未进行调整的软件测试人工工作量。

（2）基于软件复杂性、完整性、测试风险、加急等多因素的实际影响，利用软件测试成本调整因子核算软件测试人工成本。

（3）根据测试工具的实际购买、使用情况，核算测试工具成本。

（4）根据开发、测试所需的软/硬件环境、办公成本和管理成本的实际费用发生情况，核算软件测试直接成本和间接成本。

（5）最后，汇总得到软件测试成本。

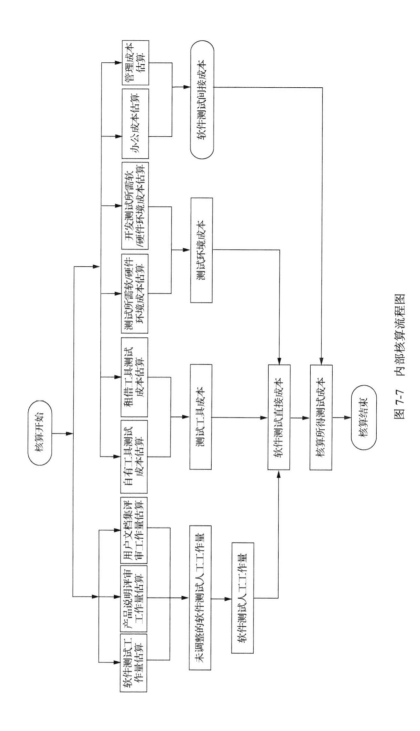

图 7-7 内部核算流程图

7.4　第三方测评机构报价

第三方测评的优势：公平公正、专业规范、独立性强，但相对周期较短、与软件生存周期的其他过程关联性弱，委托方提供的资料可能存在不完整、需求不详细等情况，这也给第三方主导的测试增加了一定的难度。本部分是《软件测试成本度量规范》使用指南对第三方测评机构的应用场景说明，可以为第三方测评机构进行软件测试成本估算提供参考。成本估算发生的阶段，分为投标预算阶段的测试成本估算与核算，以及后评价阶段的测试成本核算。以下分别对上述阶段的应用过程进行说明。

7.4.1　投标预算

在软件测试项目招投标及洽谈阶段，第三方测评机构为了给软件测试项目报价，需要进行成本估算活动，该活动形成的成本估算资料可以作为软件测试项目投标及项目洽谈的报价依据。第三方测试成本估算流程图如图 7-8 所示。

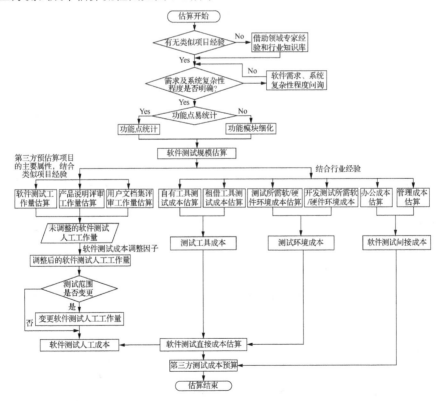

图 7-8　第三方测试成本估算流程图

7.4.1.1 场景一

1. 场景描述

该场景的情况如下：

（1）有类似项目测试的历史数据。

（2）委托方未提供详细需求。

2. 场景特点

在投标预算及项目洽谈阶段，一般软件测试活动尚未开始，有时甚至整个软件项目尚未启动，因此，软件需求未能细化、需求规格说明书尚未完成，存在软件需求、系统复杂性程度不明确，以及测试范围无法确定等可能性因素，第三方测评机构可以参考自身已有的类似测试项目的历史数据。

3. 估算过程

（1）软件需求、系统复杂性程度问询。第三方测评机构需要与委托方进行深入的沟通，以获取软件项目的相关材料，达到确认软件需求、系统复杂性程度的目的。软件需求、系统复杂性程度可以采用问询表形式记录，软件需求、系统复杂性程度问询表示例见表 7-2。

表 7-2　软件需求、系统复杂性程度问询表示例

软件需求、系统复杂性程度问询表				
				编号：
系统名称：		征询单位：		
需求类型	子模块名称	需求项	需求项描述	复杂性程度
功能需求				
		……	……	
	……	……	……	
非功能需求				
		……	……	
	……	……	……	
约束性需求				
		……	……	
	……	……	……	
备注： 复杂性程度估算依据…… 例如，存在大量的控制或者安全设施；规模大、子模块较多且相互影响关联，或需与其他系统对接使用；存在大量的逻辑处理或处理过程复杂；存在大量的数学处理或算法复杂；非简体中文界面等。				

（2）软件测试规模估算并评审。根据估算过程（1）的结果进行软件规模统计，具备功能点分析方法估算条件的项目可用该方法估算软件规模，对软件项目相关材料不全和功能点不易统计的项目，需将软件项目需求尽可能细化，细化到根据第三方测评机构的历史数据可以估算出各个子模块的测试人工工作量为止，估算并评审出软件测试规模。

（3）软件测试人工工作量估算。根据项目的主要属性，结合类似项目的经验，分别估算出软件测试工作量、产品说明评审工作量及用户文档集评审工作量，累加得出未进行调整的软件测试人工工作量。

（4）软件测试人工工作量调整。考虑软件复杂性、完整性、测试风险、测评机构资质等多因素的影响，按照《软件测试成本度量规范》确定各个相关的调整因子；再利用这些已确定的调整因子，估算出软件测试人工工作量。

（5）软件测试人工工作量重新估算。如果软件测试项目的测试范围产生变更，就需要重新进行测试人工工作量的估算，可以根据该变化的影响范围重新估算出软件测试人工工作量。

（6）软件测试人工成本估算。根据上面步骤估算得到的软件测试人工工作量和本地区的工作量单价估算出软件测试人工成本。

（7）测试工具成本估算。第三方测评机构根据测试项目对测试工具的需求情况，进行自有测试工具和租借测试工具的成本估算。测试工具成本包括为测试购买的测试软件和测试设备的费用，以及在测试过程中使用已有设备的折旧费用和维护费用。若测试工具包括测试机构自有测试工具和租借测试工具，则测试工具成本为自有测试工具成本和租借测试工具成本之和。

（8）测试环境成本估算。第三方测评机构根据类似项目的历史数据，估算测试所需的软/硬件环境的成本和测试所需的软/硬件环境的开发成本，二者相加即软件测试环境成本。

（9）软件测试直接成本估算。软件测试的直接成本包括软件测试人工成本、测试工具成本和测试环境成本。

（10）测试间接成本估算。根据办公成本预算及管理成本所占的比例系数，进行办公成本和管理成本的估算，两者相加得到测试间接成本。

（11）预算汇总：进行测试直接成本和测试间接成本汇总，得出软件测试成本预算。

7.4.1.2　场景二

1. 场景描述

（1）有类似项目测试的历史数据。

（2）委托方提供详细需求。

2. 场景特点

本场景与场景一的不同之处是委托方提供了详细需求，与场景一相同之处是第三方评估机构具有类似项目测试的历史数据。

3. 估算过程

本场景的估算过程与场景一的不同就是需要把场景一中的估算过程（1）的软件需求、系统复杂性程度问询改为软件需求、系统复杂性程度统计，其他的估算过程与场景一相同。具体如下：

（1）软件需求、系统复杂性程度统计。第三方测评机构根据委托方提供的软件项目详细需求及类似项目的历史数据，进行软件需求、复杂性程度的统计，可以采用统计表格式进行记录，软件需求、系统复杂性程度统计表示例见表7-3。

表 7-3　软件需求、系统复杂性程度统计表示例

软件需求、系统复杂性程度统计表				
				编号：
系统名称：		统计单位：		
需求类型	子模块名称	需求项	需求项描述	复杂性程度
功能需求		……	……	
	……	……	……	
非功能需求		……	……	
	……	……	……	
约束性需求		……	……	
	……	……	……	
备注：				
复杂性程度估算依据……				
例如，存在大量的控制或者安全设施；规模大、子模块较多且相互影响关联，或需与其他系统对接使用；存在大量的逻辑处理或处理过程复杂；存在大量的数学处理或算法复杂；非简体中文界面等。				

（2）～（11）参考场景一。

7.4.1.3　场景三

1. 场景描述

该场景的情况如下：

（1）无类似测试项目的历史数据。

（2）委托方提供了详细需求。

2. 场景特点

本场景与场景二的不同之处是第三方测评机构无类似测试项目的历史经验数据，委托方提供详细需求。

3. 估算过程

本场景中因为委托方提供了详细需求，也需要把场景一中的估算过程（1）的软件需求、系统复杂性程度问询改为软件需求、系统复杂性程度统计。因为不具备类似测试项目的历史数据，其估算过程的（1）、（2）、（3）、（7）、（8）需要借助领域专家的经验及参考行业知识库，其他的估算过程也与场景一相同。

（1）软件需求、系统复杂性程度统计。第三方测评机构根据委托方提供的软件项目详细需求，咨询并借鉴领域专家经验及参考行业知识库，进行软件需求、系统复杂性程度的统计，可以采用统计表进行记录，统计表格式参考表 7-3。

（2）软件测试规模估算并评审。借助领域专家经验及参考行业知识库，进行软件系统规模统计。对可以用功能点分析方法计算的，就采用该方法计算软件规模；对功能点不易统计的项目，需将软件功能需求尽可能细化，细化到根据专家的领域经验及参考行业知识库可以估算出各个子模块的测试人工工作量为止，然后估算并评审软件测试规模。

（3）测试人工工作量估算。根据项目的主要属性，借助领域专家经验及参考行业知识库，估算并评审软件测试工作量、产品说明评审工作量及用户文档集评审工作量，累加得出未进行调整的软件测试人工工作量。

（4）～（6）参考场景一。

（7）测试工具成本估算。第三方测评机构根据测试项目对测试工具的需求情况，借助领域专家经验及参考行业知识库，估算并评审自有测试工具和租借测试工具的成本，将二者相加即测试工具成本。

（8）测试环境成本估算。借助领域专家经验及参考行业知识库，估算并评审测试所需的软硬件环境的成本和测试所需的软/硬件环境的开发成本，二者相加即软件测试环境成本。

（9）～（11）参考场景一。

7.4.1.4　场景四

1. 场景描述

该场景的情况如下：

（1）无类似测试项目的历史数据。

（2）委托方未提供详细需求。

（3）软件已开发完成。

2. 场景特点

本场景属于软件项目已开发完成、委托方可以提供系统操作说明书但需求文档不够详细的情况。

3. 估算过程

本场景的估算过程需要场景一与场景三的结合，既需要软件需求、系统复杂性程度问询，又需要借助领域专家的经验及参考行业知识库，才能进行估算。

（1）软件需求、系统复杂性程度问询。第三方测评机构需要与委托方、开发方进行深入的沟通，以获取软件项目的相关材料，达到确认软件需求、系统复杂性程度的目的。软件需求、系统复杂性程度可以采用问询表的形式记录，问询表格式参考表 7-2。

（2）～（11）参考场景三。

7.4.2　核算及后评价阶段

根据第三方测试的软件系统及其测试需求资料，重新评估该软件测试项目的规模、工作量及成本。将核算数据与估算数据按照各方面指标进行多维度分析，如测试效率、完成质量、各项活动的工作量或成本占比、估算偏差等，并且根据分析结果更新第三方测评知识库，有利于相关过程的持续改进。第三方测试核算及后评价工作流程图如图 7-9 所示。

1. 场景描述

该场景的情况如下：
（1）有详细的测试需求及相关文档。
（2）对软件系统有了深入了解。
（3）有测试结果及详细的测试过程文档。

2. 场景特点

进行核算的软件测试规模已经确定，软件的测试范围已经明确，软件测试调整因子的取值范围有据可查。该场景变化的因素减少，使得软件测试成本度量可以更加精确，有助于对软件的测试成本预算进行评估分析，从而使软件测试成本的度量更加科学化。

3. 核算过程

（1）未调整的软件测试人工工作量统计。根据项目的主要属性，如功能点、质量特性等，统计软件测试工作量；根据产品说明评审和用户文档集评审实际发生的工作量进行统计；把软件测试工作量、产品说明评审工作量和文档集评审的工作量相加得到未进行调整的软件测试人工工作量。

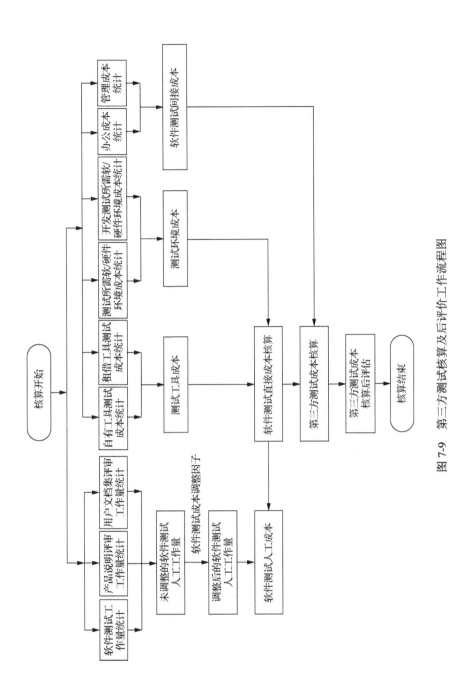

图 7-9　第三方测试核算及后评价工作流程图

（2）调整后的软件测试人工工作量统计。基于软件复杂性、完整性、测试风险、第三方测评机构资质等多因素的实际影响，按照 GB/T32911—2016《软件测试成本度量规范》确定各个相关的调整因子。利用软件测试成本调整因子对未调整的软件测试人工工作量进行调整，然后统计出调整后的软件测试人工工作量。

（3）测试软件人工成本统计。根据工作量单价与调整后的软件测试人工工作量，计算出软件测试人工成本。

（4）测试工具成本统计。包括为测试购买的测试软件和测试设备的费用，以及在测试过程中使用已有设备的折旧费用和维护费用。如果测评工具包含了第三方测评机构自有测试工具和租借测试工具，那么测试成本为自有测试工具成本和租借测试工具成本之和。

（5）软件测试环境成本统计。软件测试环境成本包括测试所需的软/硬件环境成本以及测试所需软/硬件环境的开发成本。

（6）软件测试直接成本统计。软件测试的直接成本包括调软件测试人工成本、测试工具成本和测试环境成本。

（7）软件测试间接成本统计。软件测试间接成本包括软件测试发生的办公成本和根据所占比例计算出的管理成本。

（8）第三方测试成本核算。汇总软件测试直接成本和间接成本，核算出实际发生的软件测试成本。

第三方测试成本核算后评价。比较软件测试核算成本与预算成本，并进行核算后评价。评估后的结果导入第三方测评机构的知识库，并根据评估情况对相关的测试方案、方法及模板等进行适应性调整，便于测试过程的持续改进。

第8章 软件测试成本标准实施案例分析

本章分别从软件的需方、供方和第三方测评机构的角度给出的 5 个软件测试成本度量的实践案例，案例的内容涉及政府招投标项目的测试成本评估、开发方内部测试度量管控、第三方测评机构测试成本估算等场景。每个案例紧扣各自面临的软件测试重点难点，根据需要灵活运用软件测试成本度量方法。这些案例涉及电子政务、基于工作流的业务平台、物流综合监管调度系统、智能泊车卡系统、智慧城市应用领域，详细介绍了在系统验收测试、功能测试、性能效率测试、安全保密性测试等过程中测试成本度量步骤与方法，可作为理解和实践 GB/T 32911—2016 的参考。

8.1 电子政务领域应用案例分析

8.1.1 软件简介

警民通平台项目整合了市民服务、掌上车管所业务、出入境业务、户政业务、治安业务等基础业务，市民可通过警民通平台实现基础业务办理的预约、审核，并实现业务办理进度与审核结果的查询，大大减少市民办理业务的时间。

警民通平台功能模块功能简述见表 8-1。

表 8-1　警民通平台各功能模块简述

序　号	功能模块	子功能模块
1	网上服务中心	办事公告、办事指南
2	掌上车管所业务	机动车业务管理、驾驶人业务管理、路面视频快照
3	出入境业务	受理编号查询签注状态、港澳个人游再次签注申请
4	户政业务	身份证业务管理、户口业务管理、流动人口出租屋申报管理
5	用户个人中心	用户资料管理、用户菜单管理

8.1.2 测试直接成本估算

8.1.2.1 测试范围

本测试由第三方测试，仅进行功能测试。功能测试范围包括各个功能模块，采用黑盒测试的方法进行测试。甲方提供了该项目的招标文件、合同、用户需求说明书和用户手册等文档。

8.1.2.2 软件规模估算

由于甲方只提供招标文件、合同、用户需求说明书和用户手册等文档，因此本项目采用功能点度量方法 NESMA 中的预估功能点分析方法进行软件规模估算。

功能点计算方法如下：

根据预估功能点分析方法，识别出本系统的内部逻辑文件数量和外部接口文件数量，得出系统功能点的总数，见表 8-2。

表 8-2　功能点计数

程序特性	计　　数	功能点数/个
内部逻辑文件/个	13	455
外部接口文件/个	1	15
功能点总数/个	470	

识别过程参考表 8-3，最终得到该系统的功能点总数为 470。

表 8-3　系统总功能点估算

系统名称	子系统1	子系统2	内部数据/外部接口	类型	分值	是否计算				产生阶段
						计算	未定	不计	校验	预算创建
			总计							470
某市某区公安局警民通平台项目	掌上车管所业务	机动车业务管理	机动车资料管理	ILF	35	1			TRUE	1
			机动车车主信息管理	ILF	35	1			TRUE	1
			机动车行驶证管理	ILF	35	1			TRUE	1
			机动车车抵押登记管理	ILF	35	1			TRUE	1
			机动车质押备案管理	ILF	35	1			TRUE	1
			剧毒化学品公路运输通行证管理	ILF	35	1			TRUE	1
			用户关联绑定接口	EIF	15	1			TRUE	1
		驾驶人业务管理	驾驶证资料管理	ILF	35	0		1	TRUE	1
			驾驶人审验	ILF	35	1			TRUE	1
			满分学习	ILF	35	0		1	TRUE	1
		路面视频快照		ILF	35	1			TRUE	1
	户政业务	身份证业务管理	临时居民身份证申领	ILF	35	1			TRUE	1
			申领第二代居民身份证	ILF	35	0		1	TRUE	1
			补领第二代居民身份证	ILF	35	0		1	TRUE	1
			换领第二代居民身份证	ILF	35	0		1	TRUE	1
		户口业务管理	户口市迁移	ILF	35	1		0	TRUE	1
			户口项目变更	ILF	35	0		1	TRUE	1
			户口注销	ILF	35	0		1	TRUE	1
		流动人口出租屋申请管理	出租屋信息申报	ILF	35	1		0	TRUE	1
			流动人口信息申报	ILF	35	1		0	TRUE	1

8.1.2.3 估算测试用例规模

估算本项目的测试用例规模：

$$测试用例规模 = 功能点数×测试用例密度=470$$

共需要 470 个测试用例。

8.1.2.4 估算测试工作量

依据测试用例规模估算出测试工作量，测试工作包括测试计划的编写、测试需求分析、测试报告编写、回归测试等，这些工作量可以在核心测试工作量的基础之上增加一个调整值，再估算出本项目的测试工作量，即

$$测试工作量=测试用例/t_1+测试用例/t_2+调整值$$

依据测试机构的经验设 t_1（每人每天完成的设计测试用例数）的值为 40，t_2（每人每天完成的执行测试用例数）的值为 40。调整值为 0。

由此得到测试工作量为

$$测试工作量=470/40+470/40=23.5（人日）$$

8.1.3 测试直接成本调整因子

8.1.3.1 软件复杂性调整因子

软件复杂性描述见表 8-4。

表 8-4 软件复杂性描述

功能模块	复杂性程度情况描述	标准中对应特性
掌上车管所业务	包括机动车业务管理、驾驶人业务管理、路面视频快照	系统规模较大，子模块较多且相互影响关联，或需与其他系统对接使用

依据标准 GB/T 18492—2001，被测软件出现一个复杂性特征，其复杂性调整因子 C 取值 1.1。

8.1.3.2 软件完整性调整因子

按照标准 GB/T 18492—2001 评定软件完整性级别。软件完整性级别见表 8-5。

表 8-5 软件完整性级别

系统风险	发生频率	后果严重性	风险等级	完整性级别
网络故障	偶然	次要	低	C
接口连接不上	可能	严重	低	C

软件最终完整性级别按照最高风险来确定，本软件的完成性级别为 C，无完整性调整。按照标准，软件完整性级别对应的调整因子值为 1.1。

8.1.3.3　测试风险调整因子

测试风险情况描述见表 8-6。

表 8-6　测试风险情况描述

测试风险情况描述	标准中对应的特性
提供的软件帮助文档不完整，缺少"流动人口出租屋申请管理"和"用户个人中心"功能模块的帮助说明	被测软件与测试文档不一致

依据标准，出现"被测软件与测试文档不一致"属于中风险情况，测试风险调整因子值应该设为 1.2。

8.1.3.4　回归测试调整因子

回归测试汇总见表 8-7。

表 8-7　回归测试汇总

回归模块/流程	对应功能点数/个
户口业务管理	70

依据回归测试模块/流程对应功能点数，对回归调整因子 T_r 取值 0.6。

8.1.3.5　现场测试调整因子

甲方要求必须在现场进行测试。现场部署测试环境属于生产环境，尚未上线使用。现场环境的设计和搭建由乙方负责，无额外人工工作量，因此，调整因子 X 的值应设为 1.0。

8.1.3.6　加急测试调整因子

由于甲方没有加急要求，因此，加急测试调整因子 U 的值应设为 1.0。

8.1.3.7　第三方评测机构资质调整因子

负责该项目测试的第三方评测机构具有实验室资质认定（计量认证）合格证书，即 CMA 认证证书和中国合格评定国家认可委员会（CNAS）的实验室认可证书，具有某省公安厅颁发的广东省计算机信息系统安全服务备案证和认证机构颁发的 ISO 9001 质量体系证书。因此，第三方测评机构的资质调整因子值设为 1.2。

8.1.4 测试工具成本估算

选用年限平均法，固定资产年折旧额=固定资产应计折旧额/固定资产预计使用年限，测试工具成本=固定资产年折旧额+维护费用，工具使用时间按每年 200 个工作日计算，工具实际使用时间为 3 天。测试工具成本汇总见表 8-8。

表 8-8　测试工具成本汇总

被测模块	使用工具	工具成本	使用天数/天	小计
全部模块	测试用计算机	自有测试工具成本： 设备原价为 10000 元，5 年报废（按每年 200 个工作日计算） 年维护费为原价的 20%	30	600
	测试软件工具	自有测试工具成本： 设备原价为 285000 元，5 年报废（按每年 200 个工作日计算） 年维护费为原价的 20%	3	1710

工具成本应为 600+1710=2310（元）。

8.1.5 测试环境成本估算

测试环境成本以人工成本的 20%计算。

8.1.6 测试间接成本

8.1.6.1 办公成本

给出具体办公成本的构成，如差旅费、会议费、印刷费等。办公成本列项见表 8-9。

表 8-9　办公成本列项

列　项	预估成本/元	详　细
差旅费	1700	属于市内项目，含市内交通费用
会议费	0	无召开会议
印刷费	520	印制相关文档和报告费用

办公成本总计 1700+0+520=2220（元）。

8.1.6.2　管理成本

单个项目分摊管理成本 2000 元。

8.1.7　软件测试成本的计算

按照标准中规定的公式，计算出软件测试成本。具体示例参照标准附录 A。软件测试各项成本统计见表 8-10。

表 8-10　软件测试各项成本统计

产品名称		电子政务系统
直接成本 DC	测试工具成本 IC	测试工具成本 IC：2310 元
	测试环境成本 EC	以人工成本的 20%计算
	测试人工成本 LC	软件测试人工工作量 TW：23.5 人日
		产品说明评审 SR：2.5 人日
		用户文档集评审 DR：5 人日
间接成本 IDC		2220+2000=4220 元
调整因子 DF	软件复杂性调整因子 C	取值 1.1
	软件完整性调整因子 I	取值 1.1
	测试风险调整因子 R	取值 1.2
	回归测试调整因子 T_r	取值 0.6，回归次数：1 次
	现场测试调整因子 X	取值 1.0
	加急测试调整因子 U	取值 1.0
	测评机构资质调整因子 A	取值 1.2
工作量单价 s		550 元/（人日）

（1）软件测试的人工成本工作量计算：

$$UW=TW+SR+DR=23.5+2.5+5=31（人日）$$

（2）软件测试成本调整因子计算：

$$DF= C×I×R×U×X×A×(1+n×T_r)=1.1×1.1×1.2×1.0×1.0×1.2×(1+0.6)= 2.79$$

（3）测试人工成本计算：

$$LC=UW×DF×s=31×2.79×550=47569.5（元）$$

（4）测试工具成本计算：

选用年限平均法，固定资产年折旧额=固定资产应计折旧额/固定资产预计使用年限，测试工具成本=固定资产年折旧额+维护费，工具使用按每年 200 个工作日计算，工具实际使用时间为 30 天，即

$$OT=2310（元）$$

（5）租借工具成本：

$$RT=0（元）$$

（6）总的测试工具成本：

$$IC=OT+RT=2310+0=2310（元）$$

（7）软件测试直接成本计算：

$$DC=LC+EC+IC = 47569.5+ 47569.5×20\%+2310 = 59393.4（元）$$

（8）软件测试成本计算：

$$STC=DC+IDC= 59393.4+4220= 63613.4（元）$$

8.2 基于工作流的业务平台应用案例分析

8.2.1 软件简介

被测软件为某大型电力企业的信息化项目管理平台，通过被测软件实现对公司各单位信息化项目的管控。被测软件是基于工作流的业务应用平台，用于业务流程的推送和控制。该平台是基于 J2EE 架构的 Web 开发平台，以达到跨平台的目的。被测软件与公司门户系统集成，通过 WebService 方式与门户工作台集成，通过数据交换平台实现公司已有的绩效指标管理系统和资产管理系统之间的数据传递。被测软件需 7×24 小时持续可用，可在每日特定时间段内对系统进行维护，数据存取服务要求准确，保证数据不丢失，Web 查询的响应时间在 10s 以内，服务器的 CPU 平均负荷率≤70%。被测软件主要功能描述见表 8-11。

表 8-11 被测软件主要功能描述

序 号	功能名称	功能描述
1	项目计划管理	项目计划的上报、调整、梳理、版本管理、下发功能
2	里程碑上报管理	里程碑信息的维护、调整、提醒设置、统计
3	执行情况管理	执行情况的上报、提醒、监控
4	合同管理	项目合同信息维护、发票挂账管理
5	储备项目管理	储备库管理
6	系统配置	项目上报提醒启动配置、资金性质设定、年度计划监控图

8.2.2 测试直接成本估算

8.2.2.1 测试范围

本测试为第三方测评机构的系统验收测试，进行功能测试、性能效率测试、安全保密性测试，要求进行 1 次回归测试。功能测试范围包括各个功能模块的功能测试、性能效率测试，这 2 个业务流程并行测试。安全保密性测试包括 Web 系统安全漏洞扫描。开发方提供的文档有用户需求说明书、产品详细设计说明书、数据库设计说明书、用户手册。

8.2.2.2 软件规模估算

被测软件的测试为验收测试，且测试需求明确，第三方测评机构在估算之前获得了用户需求说明书等完整详细的开发过程文档。因此，采用功能点度量法 IFPUG 进行软件规模估算。

功能点计算方法如下：

根据功能点度量法 IFPUG 计算各个功能点，具体见表 8-12～表 8-17。

表 8-12 内部逻辑文件功能点计算

功能模块	ILF	复杂性程度			功能点数量/个
		低	中	高	
测试计划管理	计划上报信息、计划上报调整信息、项目梳理信息、版本管理信息、项目下发信息	0×7	3×10	2×15	60
里程碑上报管理	里程碑上报信息、里程碑上报调整信息、里程碑提醒信息	1×7	0×10	2×15	37
储备项目管理	储备上报信息	0×7	0×10	1×15	15
执行情况管理	月度执行情况信息	0×7	0×10	1×15	15
合同管理	项目合同管理信息表、合同发票挂账信息表	2×7	0×10	0×15	14
系统配置	项目上报提醒信息、资金性质信息、年度计划监控节点信息	3×7	0×10	0×15	21
合 计					162

表 8-13 外部接口文件功能点计算

功能模块	EIF	复杂性程度			功能点数量/个
		低	中	高	
测试计划管理	无	0×5	0×7	0×10	0
里程碑上报管理	无	0×5	0×7	0×10	0

功能模块	EIF	复杂性程度			功能点数量/个
		低	中	高	
储备项目管理	无	0×5	0×7	0×10	0
执行情况管理	无	0×5	0×7	0×10	0
合同管理	组织机构信息、供应商信息	2×5	0×7	0×10	10
系统配置	无	0×5	0×7	0×10	0
合　计					10

表8-14　外部输入功能点计算

功能模块	EI	复杂性程度			功能点数量/个
		低	中	高	
测试计划管理	新增项目计划、修改项目计划、删除项目计划、提交项目计划、撤回项目计划、导入项目计划、新增项目计划调整信息、编辑项目计划调整信息、删除项目计划调整信息、提交项目计划调整信息、项目调减、项目解除条件、导入项目信息、新增项目梳理信息、编辑项目梳理信息、打捆项目梳理信息、添加子项目信息、新增项目版本、恢复项目版本、版本下发	8×3	12×4	0×6	72
里程碑上报管理	新增里程碑信息、删除里程碑信息、提交里程碑信息、退回里程碑信息、新增里程碑调整信息、删除里程碑调整信息、提交里程碑调整信息、退回里程碑调整信息	8×3	0×4	0×6	24
储备项目管理	新增储备项目信息、编辑储备项目信息、删除储备项目信息、打捆储备项目、新增储备项目子项目信息、编辑储备项目子项目信息、复制储备项目子项目信息	2×3	5×4	0×6	26
执行情况管理	新增执行情况启动记录、关闭执行情况上报、启动执行情况上报、关闭集团上报、启动集团上报、新增下月执行计划、项目执行情况上报	7×3	0×4	0×6	21
合同管理	增加合同信息、修改合同信息、删除合同信息、新增合同验收信息、新增合同竣工信息、新增发票挂账信息、删除发票挂账信息	7×3	0×4	0×6	21
系统配置	新增项目启动提醒信息、新增资金性质信息、删除资金性质信息	3×3	0×4	0×6	9
合　计					173

表 8-15　外部输出功能点计算

功能模块	EO	复杂性程度			功能点
		低	中	高	数量/个
测试计划管理	无	0×4	0×5	0×7	0
里程碑上报管理	里程碑报表	0×4	1×5	0×7	5
储备项目管理	无	0×4	0×5	0×7	0
执行情况管理	月度执行情况信息汇总表、执行情况监控信息	2×4	0×5	0×7	8
合同管理	无	0×4	0×5	0×7	0
系统配置	无	0×4	0×5	0×7	0
合　计					13

表 8-16　外部查询功能点计算

功能模块	EQ	复杂性程度			功能点
		低	中	高	数量/个
测试计划管理	项目计划上报查询、子项目查询、项目梳理信息查询、项目版本查询	0×3	4×4	0×6	16
里程碑上报管理	项目里程碑信息查询、月度计划启动信息查询	1×3	1×4	0×6	7
储备项目管理	储备项目查询	0×3	1×4	0×6	4
执行情况管理	执行情况导出	1×3	0×4	0×6	3
合同管理	合同信息查询、发票挂账信息查询	2×3	0×4	0×6	6
系统配置	年度资金性质查询、项目启动信息查询	2×3	0×4	0×6	6
合　计					42

表 8-17　系统总功能点估算

组件类型	数量/个
内部逻辑文件	162
外部接口文件	10
外部输入	173
外部输出	13
外部查询	42
合　计	400

最后计算出的系统功能点总数为 400。

8.2.2.3 估算测试用例规模

估算本项目的测试用例规模：

$$测试用例规模 = 功能点数 \times 1.2 = 400 \times 1.2 = 480（个）$$

共需要 480 个测试用例。

8.2.2.4 估算测试工作量

依据测试用例数估算出测试工作量，测试工作包括测试计划的编写、测试需求分析、测试报告编写、回归测试等，这些工作量可以在核心测试工作量的基础之上增加一个调整值。

估算本项目的测试工作量：

$$测试工作量 = 测试用例 / t_1 + 测试用例 / t_2 + 调整值 \qquad (8\text{-}1)$$

依据经验值把 t_1（每人每天完成的设计测试用例数）设为 25，t_2（每人每天完成的执行测试用例数）设为 20，调整值为 0。

由此得到测试工作量为

$$测试工作量 = 480/25 + 480/20 + 0 = 43.2（人日）$$

8.2.3 测试直接成本调整因子

8.2.3.1 软件复杂性调整因子

被测软件的复杂性与标准中复杂性特征的对应情况即软件复杂性描述见表 8-18。

表 8-18 软件复杂性描述

序号	标准中复杂性特征	被测软件复杂性描述	结　果
1	存在大量的控制或者安全设施	被测软件需 7×24 小时持续可用，可在每日特定时间段内对系统进行维护，数据存取服务要求准确，保证数据不丢失，Web 查询的响应时间在 10s 以内，服务器的 CPU 平均负荷率≤70%，存在大量的安全设施	符合
2	系统规模较大，子模块较多且相互影响关联，或需与其他系统对接使用	被测软件与公司门户系统集成，通过 WebService 方式与门户工作台集成，通过数据交换平台实现与公司已有的绩效指标管理系统和资产管理系统的数据传递	符合
3	非简体中文软件	被测软件为简体中文	不符合
4	存在大量的逻辑处理或处理过程复杂	被测软件为基于工作流的业务应用平台，需处理复杂的业务流程	符合
5	存在大量的数学处理或算法复杂	被测软件不存在大量的数学处理或算法	不符合

依据表 8-18 被测软件出现 3 项复杂性特征（第 1 项、第 2 项、第 4 项），根据标准确定其复杂性程度为高，调整因子的取值范围为 1.3～1.5，本案例的调整因子取值 1.4。

8.2.3.2　软件完整性调整因子

被测软件存在以下风险：

（1）数据传输过程因中业务流程中断而造成数据丢失。经用户确认，因业务流程中断而造成数据丢失的频率约为 10^{-1}～10^{-2} 次/年。因为该系统涉及项目资金的预算，并且与公司的其他系统存在数据交互，当出现数据丢失时将对多个系统造成影响。

（2）数据被篡改。经用户确认，数据被篡改的频率约为 10^{-1}～10^{-2} 次/年。因为该系统的合同管理模块涉及金钱，如果数据被篡改，可能会引起公司重大财产损失。

按照标准 GB/T 18492—001 评定软件完整性级别，软件完整性级别见表 8-19。

表 8-19　软件完整性级别

系统风险	发生频率	后果严重性	风险等级	完整性级别
数据传输过程中因业务流程中断而造成数据丢失	偶然	严重	低	C
数据被篡改	偶然	严重	低	C

软件最终的完整性级别按照威胁最高的风险来确定，本软件的完整性级别为 C，无须完整性调整。

按照标准，被测软件完整性级别对应调整因子的取值范围为 1.1～1.2，本案例的调整因子取值 1.15。

8.2.3.3　测试风险调整因子

被测软件的测试风险特征与标准中测试风险特征的对应情况即测试风险描述，见表 8-20。

表 8-20　测试风险描述

序　号	标准中测试风险特征	被测软件测试风险描述	结　果
1	被测软件的领域有特殊要求	被测软件中涉及电力行业背景,会对测试活动产生风险	符合
2	测试需求不明确	用户提供的测试文档完整，测试需求明确	不符合
3	被测软件与测试文档不一致	被测软件与用户提供的测试文档未发现存在严重不一致的问题	不符合
4	测试过程中测试方与开发方因沟通等问题而导致不可预计的风险	开发方在测试过程中全程驻点陪同，提供支持，不存在因沟通问题导致的不可预计的风险	不符合

依据表 8-20 被测系统出现 1 项测试风险特征（第 1 项），根据标准确定其风险程度为高，调整因子的取值范围为 1.3～1.5，本案例的调整因子取值 1.4。

8.2.3.4 回归测试调整因子

回归测试汇总见表 8-21。

表 8-21 回归测试汇总

回归模块/流程	对应功能点数/个
项目计划管理	152

根据标准，回归测试调整因子的取值范围为 0.6～0.8，本案例被测软件只进行一次功能回归测试，回归测试对应的功能点数为 152，只占系统功能点总数的 38%，小于 60%。因此，把回归测试调整因子取值范围的下限值 0.6 作为本案例回归测试调整因子的值。

8.2.3.5 现场测试调整因子

依据标准，现场测试调整因子的取值范围为 1.0～1.3。本案例测试环境搭建在被测试软件单位的实验室中。因此，该调整因子取值 1.0。

8.2.3.6 加急测试调整因子

经过与甲方确认，本次测试工作量为 43 人日，按被测试软件单位正常的测试工作期限为 15 个工作日。由于甲方急于完成测试工作，想早点获得测试结果，要求测试工作在 10 个工作日内完成。测试项目需要缩短工期，缩短工期虽未造成测试人员的增加，但测试人员因此需要加班，使人工成本上升。缩短的工期占正常工期的 33%，加急测试调整因子取值 1.33。

8.2.3.7 测评机构资质调整因子

由于被测软件服务于为国家大型企业，客户对被测软件是否满足需求非常关注。因此，对第三方测评机构自身的基础条件和测评能力提出要求，要求测评机构具备省级以上第三方测评资质。本案例中的第三方测评机构具有 CNAS 资质和地方政府授予的第三方测试资质，该调整因子取值 1.2。

8.2.4 测试工具成本估算

测试工具成本汇总见表 8-22。

表 8-22 测试工具成本汇总

序 号	使用工具	工具成本	使用天数/天	小 计
1	测试硬件设备：2 台笔记本电脑	自有测试工具成本： 设备原价为 12000 元，5 年报废（按每年 200 个工作日计算） 年维护费为原价的 20%	10	240

续表

序　号	使用工具	工具成本	使用天数/天	小　计
2	性能测试工具软件	自有测试工具成本： 设备原价为 1000000 元，5 年报废（按每年 200 个工作日计算） 年维护费为原价的 20%	5	10000
3	安全漏洞扫描工具软件	500000 元，5 年报废（按每年 200 个工作日计算） 年维护费为原价的 20%	3	3000

工具成本总计：240+3000+10000=13240（元）。

8.2.5　测试环境成本估算

由于测试环境搭建在测试实验室中，占用全部实验室的资源，硬件资源包括 2 台服务器和 2 台笔记本电脑，软件资源包括操作系统软件、数据库系统软件、办公软件，人力资源为 1 个系统工程师，负责搭建测试环境。根据标准要求测试环境成本不超过软件测试人工成本的 20%，本案例测试环境成本应为测试人工成本的 20%。

8.2.6　测试间接成本

8.2.6.1　办公成本

办公成本列项见表 8-23。

表 8-23　办公成本列项

列　项	预估成本/元	详　细
会议费	4000	召开客户、开发方、测试方的沟通协调会议，召开会议对测试项目进行评审
印刷费	500	相关文档的打印费

办公成本总计 4000+500=4500（元）。

8.2.6.2　管理成本

根据本单位实际情况按人工成本的 8%计算管理成本。

8.2.7 软件测试成本的计算

按照标准中规定的公式，计算出测试成本。软件测试各项成本统计见表 8-24，具体示例参照标准附录 A。

表 8-24 软件测试各项成本统计

产品名称		基于工作流的业务平台	
直接成本 DC	测试工具成本 IC	自有工具成本 OT：13240	
		租借工具成本 RT：0	
	测试环境成本 EC	按人工成本的 20%计算	
	测试人工成本 LC	软件测试人工工作量 TW：43 人日	
		产品说明评审 SR：4.3 人日	
		用户文档集评审 DR：8.6 人日	
间接成本 IDC	办公成本	4500 元	
	管理成本	按人工成本的 8%计算	
调整因子 DF	软件复杂性调整因子 C	取值 1.4	
	软件完整性调整因子 I	取值 1.15	
	测试风险调整因子 R	取值 1.4	
	回归测试调整因子 T_r	取值 0.6，回归次数：1 次	
	现场测试调整因子 X	取值 1.0	
	加急测试调整因子 U	取值 1.33	
	测评机构资质调整因子 A	取值 1.2	
工作量单价 s		300 元/（人日）	

（1）软件测试的人工成本工作量计算：
$$UW=TW+SR+DR=43+4.3+8.6=55.9（人日）$$

（2）软件测试成本调整因子计算：
$$DF= C×I×R×U×X×A×(1+n×T_r)= 1.4×1.15×1.4×1.33×1.0×1.2×(1+0.6)=5.7558$$

（3）测试人工成本计算：
$$LC=UW×DF×s=55.9×5.7558×300=96525（元）$$

（4）软件测试直接成本计算：
$$DC=LC+EC+IC = 96525+96525×20\%+13240 = 129070（元）$$

（5）软件测试间接成本计算：
$$IDC=4500+ 96525×8\%=12222（元）$$

（6）软件测试成本计算：
$$STC=DC+IDC=129070+12222=141292（元）$$

8.3　某行业物流综合监管调度系统案例分析

8.3.1　软件简介

被测软件包括 3 大模块 6 大功能，3 大模块是指物流资源模块、管控调度模块、分析服务模块。其中，物流资源模块包含物流资源台账和物流运行管理两大功能，管控调度模块包含物流规划建设服务和物流运行管理服务两大功能，分析服务模块包含信息共享服务和生产决策系统运行监控功能。

系统部署分为国家局、省级局（公司）/工业公司、地市级公司/工业生产点 3 个层面，通过在省公司（地市公司）/工业公司（生产点）的前置环境中，部署国家局物流管理系统数据接口。数据接口采集相关数据，通过行业传输通道，将数据上传国家局，实现省级物流管理平台与国家局物流管理系统的全面对接。某行业物流综合监管调度系统网络拓扑图如图 8-1 所示。

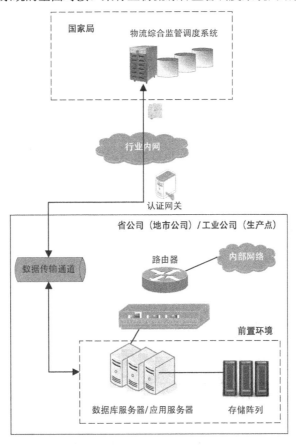

图 8-1　某行业物流综合监管调度系统网络拓扑图

系统功能包括系统登录、首页、资源管理、实时监控、运行管理、规划建设、信息服务、运维管理、数据管理、系统管理 10 个业务功能模块的 32 个子功能模块，功能模块和子功能模块描述见表 8-25。

表 8-25 功能模块和子功能模块描述

序　号	功能模块	子功能模块
1	系统登录	登录系统、取消登录
2	首　页	我的信息、系统链接、物流动态预览
3	资源管理	商业资源台账、工业资源台账
4	实时监控	行业物流看板、商业物流看板、工业物流看板
5	运行管理	物流标准化管理、商业费用管理、工业费用管理、商业对标管理
6	规划建设	物流规划、项目建设、综合分析支持
7	信息服务	行业综合信息、工对商共享信息、商对工共享信息
8	运维管理	运维报告发布、运维报告查询、待审批变更单、变更审批管理、变更审批查询
9	数据管理	商业报表、工业报表、工业仓储数据
10	系统管理	组织机构、用户管理、角色管理、日志管理

8.3.2　测试直接成本估算

8.3.2.1　测试范围

本案例为第三方测评机构实施的系统验收测试，测试范围包括各个功能模块，开发方提供了用户需求说明书、系统设计、数据库设计、用户手册等文档。用户要求开展功能测试、性能测试和安全测试。这里，只以功能测试为例做简要介绍。

用户在现场提供测试环境，对测试服务的质量要求非常高，需要进行回归测试，而对测试进度要求并不严格，测试时间较长。

8.3.2.2　软件规模估算

1. 功能点计算

识别出系统的 ILFs 以及 EIFs，对其定义复杂性程度，计算出功能点数，具体见表 8-26 和表 8-27。

表 8-26 内部逻辑文件功能点统计

ILF	RET	DET	复杂性程度	功能点数/个
用户信息	1	5	低	7
商业资源	3	26	中	10

ILF	RET	DET	复杂性程度	功能点数/个
工业资源	3	25	中	10
行业综合信息	7	27	高	15
工对商共享信息	6	26	高	15
商对工共享信息	6	27	高	15
运维报告	4	28	中	10
变更信息	2	28	中	10
决策分析	7	30	高	15
用户信息	6	21	中	10
角色信息	1	10	低	7
日志信息	1	12	低	7
规划信息	1	13	低	7
报表信息	1	7	低	7

表 8-27　外部接口文件功能点统计

EIF	RET	DET	复杂性程度	功能点数/个
行业物流看板	7	24	高	10
商业物流看板	3	22	中	7
工业物流看板	3	24	中	7
商业报表	1	8	低	5
工业报表	1	5	低	5

识别出系统的 EI、EO 和 EQ，对其定义复杂性程度，计算出功能点，具体见表 8-28～表 8-30。

表 8-28　外部输入功能点统计

EI	FRT	DET	复杂性程度	功能点数/个
新增用户	1	4	低	3
修改用户	1	4	低	3
新增商业资源	1	16	中	4
新增工业资源	1	18	中	4
新增物流数据	3	19	高	6
物流管理	2	18	高	6
商业费用管理	3	16	高	6
工业费用管理	2	10	中	4
商业对标管理	2	13	中	4
运维报告管理	2	14	中	4
变更管理	1	8	低	3

表 8-29 外部输出功能点统计

EO	FRT	DET	复杂性程度	功能点数/个
行业综合信息	2	5	中	5
工对商共享信息	4	12	高	7
商对工共享信息	5	14	高	7
运维报告发布	3	3	中	5
商业报表发布	1	4	低	4
工业报表发布	1	3	低	4
行业数据发布	1	5	低	4

表 8-30 外部查询功能点统计

EQ	FRT	DET	复杂性程度	功能点数/个
物流动态检索	3	13	高	6
商业资源检索	4	15	高	6
工业资源检索	3	13	高	6
运维报告查询	1	19	中	4
变更审批查询	2	14	中	4
仓储数据检索	1	16	中	4
行业信息检索	2	10	中	4
用户检索	1	8	低	3
日志检索	1	6	低	3

由于该软件均为展示和统计使用，没有复杂的输入功能，但功能模块较多，因此根据每个功能模块分别计算出功能点。功能点统计结果见表 8-31。

表 8-31 功能点统计结果

组件类型	复杂性程度			数量/个
	低	中	高	
外部输入	3×3＝9	6×4＝24	3×6＝18	51
外部输出	3×4＝12	2×5＝10	2×7＝14	36
外部查询	2×3＝6	4×4＝16	3×6＝18	40
内部逻辑文件	5×7＝35	5×10＝50	4×15＝60	145
外部接口文件	2×5＝10	2×7＝14	1×10＝10	34
合　计				306

2. 估算测试用例规模

估算本项目的测试用例规模：

$$测试用例规模 = 功能点数 \times 1.2 = 306 \times 1.2 = 367.2（个）$$

共需要 367 个测试用例。

3. 估算测试工作量

估算出本项目的测试工作量：

$$测试工作量 = 测试用例/t_1 + 测试用例/t_2 + 调整值$$

依据测试机构的经验把 t_1（每人每天完成的设计测试用例数）设为 10，t_2（每人每天完成的执行测试用例数）设为 5，调整值为 0。

由此得到总工作量：

$$总工作量 = 367/10 + 367/5 = 110.1（人日）$$

8.3.3　测试直接成本调整因子

8.3.3.1　软件复杂性调整因子

本案例中的软件没有复杂逻辑，故软件复杂性调整因子值取 1。

8.3.3.2　软件完整性调整因子

按照标准 GB/T 18492—2001 评定软件完整性级别，软件完整性级别见表 8-32。

表 8-32　软件完整性级别

系统风险	发生频率	后果严重性	风险等级	完整性级别
网络故障	偶然	次要	低	C
数据未按时上报	偶然	次要	低	C

软件最终完整性级别按照威胁最高的风险来确定，本软件的完整性级别为 C，无须完整性调整。

按照标准，软件完整性级别对应调整因子值为 1。

8.3.3.3　测试风险调整因子

测试风险描述见表 8-33。

表 8-33　测试风险描述

风险情况描述	标准中对应特性	风险等级
现场测试时间较长，用户又对测试质量要求非常高，要求现场测试人员管理难度加大	被测试软件的领域有特殊要求	高

按照标准，若出现"被测软件的领域有特殊要求"，则属于高风险情况。因此，测试风险调整因子值应该设为1.3。

8.3.3.4 回归测试调整因子

依据回归测试模块/流程对应功能点数，回归测试次数为2，回归调整因子值取0.6。

8.3.3.5 现场测试调整因子

用户要求必须为现场测试，利用用户提供的测试环境，进行异地测试，成本很高。因此，现场测试调整因子值取1.2。

8.3.3.6 加急测试调整因子

用户无加急要求，并且用户对测试进度要求不是十分严格。因此，加急测试调整因子值取1。

8.3.3.7 测评机构资质调整因子

用户未对测评机构提出额外资质要求，因此，测评机构资质调整因子值取1。

8.3.4 测试工具成本估算

测试工具成本汇总见表8-34。

表8-34 测试工具成本汇总

被测模块	使用工具	工具成本	使用天数/天	小 计
系统	日报管理系统	自有测试工具成本： 设备原价为100000元，5年报废 （按每年200个工作日计算） 年维护费为原价的20%	40	4000

8.3.5 测试环境成本估算

由于在北京进行现场测试，直接成本增加了差旅费（包括差旅补助），而且北京住宿成本在国内算最高，按照标准，这一项成本一般不超过软件测试人工成本的20%，这里按照20%计算。

8.3.6 测试间接成本

8.3.6.1 办公成本

给出具体办公成本的构成，如差旅费、会议费、印刷费等。办公成本列项见表 8-35。

表 8-35 办公成本列项

列　项	预估成本/元	详　细
差旅费	22000	按 100 个现场测试人日（含旅途），每人每日 200 元，合计 20000 元；按 10 人次往返计算，单次往返交通费为 200 元，合计 2000 元；最后合计 22000 元
印刷费	500	印制测试方案和报告的费用

8.3.6.2 管理成本

管理成本按直接成本之和的 20% 计算。

8.3.7 软件测试成本的计算

按照标准中规定的公式，进行软件测试各项成本统计（见表 8-36）。具体示例参照标准附录 A。

表 8-36 软件测试各项成本统计

产品名称		某行业物流综合监管调度系统
直接成本 DC	测试工具成本 C	测试工具成本 IC：5000 元
	测试环境成本 EC	以人工成本的 20% 计算
	测试人工成本 LC	软件测试人工工作量 TW：110 人日
		产品说明评审 SR：11 人日
		用户文档集评审 DR：22 人日
间接成本 IDC		22000+500+直接成本之和×20%=22500 元+直接成本之和×20%
调整因子 DF	软件复杂性调整因子 C	取值 1
	软件完整性调整因子 I	取值 1
	测试风险调整因子 R	取值 1.3
	回归测试调整因子 T_r	取值 0.6，回归次数：2 次
	现场测试调整因子 X	取值 1.2
	加急测试调整因子 U	取值 1.0
	评测机构资质调整因子 A	取值 1.0
工作量单价 s		200 元/（人日）

（1）软件测试的人工成本工作量计算：

$$UW=TW+SR+DR=110+11+22=143（人日）$$

（2）软件测试成本调整因子计算：

$$DF= C×I×R×U×X×A×(1+n×T_r)=1×1×1.3×1×1.2×1.0×(1+2×0.6)=3.432$$

（3）测试人工成本计算：

$$LC=UW×DF×s=143×3.432×200=98155.2（元）$$

（4）测试工具成本计算：

选用年限平均法，固定资产年折旧额=固定资产应计折旧额/固定资产预计使用年限，测试工具成本=固定资产年折旧额+维护费用，工具使用每年按 200 个工作日算，工具实际使用时间为 40 天：

$$OT=4000（元）$$

租借设备成本：

$$RT=0（元）$$

总的测试工具成本：

$$IC=OT+RT=4000+0=4000（元）$$

（5）软件测试直接成本计算：

$$DC=LC+EC+IC=98155.2 +98155.2×20\%+4000 =121786.24（元）$$

（6）软件测试成本计算：

$$STC=DC+IDC=121786.24+22500+121786.24×20\%=168643.488（元）$$

8.4 智能泊车卡系统案例分析

8.4.1 软件简介

"××智能泊车卡系统"是用于市民停车计时与计费、充值以及运营单位对市民泊车相关信息进行管理的软件。该软件包括"管理系统""终端使用"和"清分结算"3 个功能模块。"管理系统"模块主要实现卡片管理、终端管理、系统管理和报表查看功能；"终端使用"模块主要实现充值、消费、查询余额、采集和上传数据等功能；"清分结算"模块主要用于手动控制数据库清分结算程序的运行或设置自动运行的时间。

"××智能泊车卡系统"为简体中文软件，业务仅限于智能泊车卡的充值、消费和管理，业务处理逻辑比较简单，不存在复杂的逻辑或算法。为保证市民充进入智能泊车卡的货币的安全，该系统提供了大量的安全设施。

本案例的性能测试需求尚未明确，需要进一步调研。开发方提供了被测软件的产品说明书、软件需求规格说明书、软件设计说明书、数据库设计说明书、安装手册以及用户操作手册，这些文档与被测软件一致，并且软件产品说明书、软件安装手册和用户操作手册基本符合 GB/T

25000.51—2010 的产品说明要求和用户文档集要求。本次测试不加急，在第三方测评机构的实验室开展测试，测试过程中软件开发方全程陪同。本次测试仅开展一次回归测试。

本次测试使用的计算机设备包括 2 台服务器、2 台台式计算机、3 台笔记本电脑和 1 台移动工作站，性能测试时采用 HP LoadRunner V11.00 工具模拟系统的用户，采用 HP Diagnostics V9.00 工具进行性能瓶颈分析，安全测试时采用明鉴数据库弱点扫描器 V3.2.5.36 工具，开展数据库漏洞扫描。

8.4.2 测试人工成本估算

8.4.2.1 测试范围

本项目由第三方测试。根据系统运营单位的要求，本项目对被测软件开展功能测试、性能测试和安全测试。功能测试范围包括被测软件的所有功能模块和功能点，性能测试对被测软件的 7 个业务流程开展基准性能测试、性能拐点查找、疲劳强度测试和未来 3 年性能预测，安全测试主要是对被测软件的数据库漏洞进行扫描。

本项目的测试成本评估在已知被测软件规模的基础上，依据软件测试生存周期进行度量。

8.4.2.2 软件测试人工工作量估算

由于性能测试的对象为业务流程，安全测试的对象为数据库，因此本项目的软件测试人工工作量不适合依据功能点分析方法进行软件规模度量。本项目的软件测试人工工作量依据软件测试生存周期进行度量。依据标准，软件测试生存周期包括测试需求、测试策划、测试策略或方法的选择、测试环境准备、测试数据准备、测试用例开发、测试执行、测试结果分析、测试报告编制、测试评估，共 10 个阶段。

本项目的软件测试生存周期各阶段人工工作量和说明见表 8-37。

表 8-37 软件测试生存周期各阶段人工工作量（单位：人日）和说明

序号	阶段	功能测试		性能测试		安全测试	
		工作量	说明	工作量	说明	工作量	说明
1	测试需求	2	（1）了解智能泊车行业的相关业务知识，熟悉被测软件；（2）从软件需求规格说明书中提取功能测试需求	3	（1）与运营单位沟通并确定要测试的 7 个业务流程的操作步骤；（2）与运营单位沟通并确定该系统的在线用户数、并发用户数、事务平均响应时间、资源利用率等性能技术指标要求；（3）熟悉系统的业务特点，从而决定用户数加载方式	0.5	调研数据库的类型、版本号等基本信息

序号	阶段	功能测试		性能测试		安全测试	
		工作量	说明	工作量	说明	工作量	说明
2	测试策划	2	（1）根据功能测试需求确定功能测试内容；（2）进行测试策划并形成文档	4	（1）进行性能测试需求分析；（2）建立性能测试模型；（3）确定测试内容；（4）进行测试策划并形成文档	1	（1）确定要扫描的数据库漏洞；（2）进行测试策划并形成文档
3	测试策略或方法的选择	1	根据测试要求、送测软件文档和测试规范，确定功能测试的方法	0.5	确定性能测试的方法和工具	0.5	确定安全测试的方法和工具
4	测试环境准备	1	准备硬件设备、操作系统、数据库并安装被测软件	0	采用功能测试准备的测试环境	0	采用功能测试准备的测试环境
5	测试数据准备	0.5	测试执行前，为测试能够进行准备一组可以验证的数据	1.5	准备性能测试的垫底数据和测试数据	0	安全测试不需要准备测试数据
6	测试用例开发	3	设计测试用例并形成文档	3	（1）设计性能测试场景并形成文档；（2）录制、编辑和调试 7 个业务流程的测试脚本	1	编写测试用例文档
7	测试执行	2	依据测试用例执行软件测试，并记录测试结果	12	（1）基准性能测试（3人日）；（2）性能拐点查找（3人日）；（3）执行 3×24 小时疲劳强度测试（3人日）；（4）预测系统未来 3 年性能（3人日）。注：除疲劳强度测试外，每个场景执行 3 遍测试并且恢复数据	1	依据测试用例执行数据库漏洞扫描，记录发现的数据库漏洞
8	测试结果分析	1	对测试执行过程中所产生的结果输出进行分析，判断测试结果是否与预期结果一致	15	（1）基准性能测试结果分析（5人日）；（2）性能瓶颈分析并配合开发方优化（6人日）；（3）梳理疲劳强度测试的数据（2人日）；（4）分析预测系统未来 3 年性能的数据（2人日）	1	对发现的数据库漏洞进行分析
9	测试报告编制	2	（1）编写测试报告；（2）审核和修改测试报告	5	（1）编写测试报告（3人日）；（2）审核和修改测试报告（2人日）	2	（1）编写测试报告；（2）审核和修改测试报告
10	测试评估	0.5	对功能测试的收益进行分析和评审	1	（1）对性能测试的收益进行分析和评审；（2）分析软件将来可能存在的性能风险	1	（1）对安全测试的收益进行分析和评审；（2）分析软件将来可能存在的安全风险
	总计	15	—	45	—	8	

根据表 8-37 的评估结果,本项目的软件测试人工工作量为

15+45+8=68(人日)

8.4.2.3 产品说明评审人工工作量估算

本项目的软件产品说明书基本符合 GB/T 25000.51—2010 对产品说明的要求。因此,产品说明评审的人工工作量可根据标准的建议,按照测试人工工作量的 10%比例计算得到。

8.4.2.4 用户文档集评审人工工作量估算

本项目的用户文档集包括软件安装手册和用户操作手册。软件安装手册和用户操作手册基本符合 GB/T 25000.51—2010 对用户文档集的要求。因此,用户文档集评审的人工工作量可根据标准的建议,按照测试人工工作量的 20%比例计算得到。

8.4.3 测试人工成本调整因子

8.4.3.1 软件复杂性调整因子

依据标准,被测软件的复杂性可按照以下特性来进行度量:

(1)存在大量的控制或者安全设施。

(2)系统规模较大,子模块较多且相互影响关联,或需与其他系统对接使用。

(3)非简体中文软件。

(4)存在大量的逻辑处理或处理过程复杂。

(5)存在大量的数学处理或算法复杂。

本项目的复杂性特征如下:

(1)被测软件用于停车计时与计费,管理的业务涉及金钱,存在大量的安全设施。

(2)被测软件只有 3 个功能模块,系统规模较小,不需要与其他系统对接使用。

(3)被测软件为简体中文软件。

(4)被测软件主要对泊车业务数据进行管理,业务比较简单,不存在大量的逻辑处理或复杂的处理过程。

(5)被测软件主要对泊车业务数据进行管理,不存在大量的数学处理或复杂的算法。

依据标准,本项目的被测软件出现了标准中列出的一项复杂性特征,软件复杂性程度为中,调整因子的取值范围为 1.1～1.2,本案例的调整因子取值 1.15。

8.4.3.2 软件完整性调整因子

被测软件存在以下系统风险:

(1)终端无法充值和消费。经与用户沟通,终端无法充值和消费的频率约为 $10^{-1}\sim10^{-2}$

次/年。充值和消费功能是公众最常使用的功能，如果该功能无法正常使用，就会导致公众无法正常泊车，会对社会造成重大影响。

（2）数据被篡改。经与用户沟通，数据被篡改的频率约为 $10^{-1}\sim10^{-2}$ 次/年。因为该系统涉及财产，如果卡内的余额被篡改，可能会引起公众和运营单位的重大纠纷和财产损失，对社会造成重大影响。

（3）数据泄露。经与用户沟通，数据泄露的频率约为 $10^{-1}\sim10^{-2}$ 次/年，公众个人信息如果被泄露，就会对社会造成重大影响，运营单位可能需要承担相应的法律责任。

按照标准 GB/T 18492—2001 评定软件完整性级别，软件完整性级别见表 8-38。

表 8-38　软件完整性级别

系统风险	发生频率	后果严重性	风险等级	完整性级别
终端无法充值和消费	偶然性	重大性	高	A
数据被篡改	偶然性	重大性	高	A
数据泄露	偶然性	重大性	高	A

注：1. 根据标准 GB/T 18492—2001 的定义，发生频率从高到低依次为频繁性（>1 次/年）、可能性（$1\sim10^{-1}$ 次/年）、偶然性（$10^{-1}\sim10^{-2}$ 次/年）、间接性（$10^{-2}\sim10^{-4}$ 次/年）、不可能性（$10^{-4}\sim10^{-6}$ 次/年）、难以置信（<10^{-6} 次/年）。

　　2. 根据标准 GB/T 18492—2001，后果严重性从高到低依次为灾难性、重大性、严重性、次要性。

　　3. 风险等级是依据标准 GB/T 18492—2001 的风险矩阵由发生频率和后果严重性确定的。

软件最终完整性级别按照威胁最高的风险来确定，本软件的完整性级别为 A，无须完整性调整。依据标准，软件完整性级别 A 对应的调整因子取值范围为 1.6～1.8，本案例的调整因子取值 1.7。

8.4.3.3　测试风险调整因子

依据标准，可能的测试风险由以下部分构成：

（1）被测试软件的领域有特殊要求。

（2）测试需求不明确。

（3）被测软件与测试文档不一致。

（4）测试过程中测试方与开发方因沟通等问题而导致不可预计的风险。

本项目的测试风险特征如下：

（1）被测软件为智能泊车行业的软件，软件涉及的业务与市民日常生活相关，测试人员易于理解业务，被测软件的领域无特殊要求。

（2）由于用户和送检方没有给出性能测试的明确性能指标、用户数及加载方式，因此，测试需求不明确。

（3）本项目的被测软件与测试文档一致。

（4）测试过程中开发方全程陪同，不存在测评方与开发方因沟通等问题而导致不可预计的风险。

依据标准，本项目出现测试风险的一个特性，属于中风险情况，对应的调整因子取值范围为 1.1～1.2，本案例的调整因子取值 1.15。

8.4.3.4　回归测试调整因子

依据标准，回归测试调整因子的取值范围为 0.6～0.8。本项目只进行一次回归测试，回归测试时可省略测试需求、测试策略或方法的选择、测试用例开发阶段的工作量，这些阶段的工作量占软件测试人工工作量的 21%。因此，本项目的回归测试调整因子计算式为

$$1-0.21=0.79$$

8.4.3.5　现场测试调整因子

依据标准，现场测试调整因子的取值范围为 1.0～1.3。本次测试由被测软件的开发方在第三方测评机构的实验室搭建模拟环境进行测试，因此，本案例的现场测试调整因子取值 1.0。

8.4.3.6　加急测试调整因子

本次测试不加急，因此忽略加急测试调整因子。

8.4.3.7　测评机构资质调整因子

依据标准，测评机构资质调整因子取值范围为 1.0～1.2。本次测试的第三方测评机构具有 CNAS 资质和地方政府授予的第三方测试资质，因此本案例的测评机构资质调整因子值取 1.2。

8.4.4　测试工具成本估算

本次测试使用的工具均为自有工具，无租借工具。虽然本项目使用的测试工具均为纯软件类型，并且具有永久使用许可证，但考虑到自动化测试工具在购买若干年后可能由于技术变革等原因被市场淘汰，因此仍然具有报废年限，本项目使用的自动化测试工具报废年限均设为 10 年。第三方测评机构每年需要以自动化测试工具原价的 18%升级自动化测试工具，因此自动化测试工具的年维护费为原价的 18%。本次测试使用的计算机设备包括服务器、台式计算机、笔记本电脑和移动工作站，此处的台式计算机和笔记本电脑专用于测试，在本项目中作为被测系统的客户端使用，不包括日常办公用的台式计算机和笔记本电脑。根据计算机设备历年的采购和维护财务数据统计可知，计算机设备每年的维护费用约为原价的 5%。根据标准要求，按每年 200 个工作日计算，汇总测试工具成本，见表 8-39。

表 8-39　测试工具成本汇总

使用工具	工具原价、报废年限及维护费	该项目使用天数	测试工具成本
HP Diagnostics 9.00	原价：489650 元，10 年报废，年维护费为原价的 18%	6	（489650/10+489650×18%）/200×6 =4113（元）
HP LoadRunner 11.00	原价：598800 元，10 年报废，年维护费为原价的 18%	21	（598800/10+598800×18%）/200×21 =17605（元）
数据库弱点扫描器 V3.2.5.36	原价：360000 元，10 年报废，年维护费为原价的 18%	2	（360000/10+360000×18%）/200×2 =1008（元）
计算机设备（2 台服务器、2 台台式机、3 台笔记本电脑和一台移动工作站）	原价：136520 元，5 年报废，年维护费为原价的 5%	32	（136520/5+136520×5%）/200×32 =5460（元）
合计	—	—	28186 元

8.4.5　测试环境成本估算

根据历史项目统计数据，测试环境设计搭建过程消耗的人工成本约为软件测试人工成本的 5%。因此，本项目的测试环境成本按人工成本的 5% 计算。

8.4.6　测试间接成本估算

测试间接成本包括办公成本和管理成本。

8.4.6.1　办公成本

本项目的办公成本包括测试场地租金、水电费用、办公用品费用和通信费用在本项目的分摊费用，办公成本列项见表 8-40。

表 8-40　办公成本列项

列　项	预估成本	成本说明
测试场地租金	按测试人工成本的 2.9% 计算	第三方测评机构场地 1200 平方米，每月租金 10 元/平方米，参与测试项目的员工（不包括第三方测评机构的管理相关人员）共 30 人，全体员工每月约完成 600 人日工作量。因此，每人每日工作量分摊的租金为 1200×10/600=20（元） 每人每日工作量分摊的租金占工作量单价的比例为 20/682=2.9%

列　项	预估成本	成本说明
水电费用	按测试人工成本的 2.4%计算	第三方测评机构平均每月水电费用支出约为 10000 元，全体员工每月约完成 600 人日工作量。因此，每人每日工作量分摊的水电费为 10000/600=16.7（元） 每人每日工作量分摊的水电费占工作量单价的比例为 16.7/682=2.4%
办公用品费用	按测试人工成本的 1.2%计算	第三方测评机构每月办公用品费用支出约为 5000 元，全体员工每月约完成 600 人日工作量，因此，每人日工作量分摊的办公用品费用为 5000/600=8.3（元） 每人每日工作量分摊的办公用品费用占工作量单价的比例为 8.3/682=1.2%
通信费	按测试人工成本的 0.48%计算	第三方测评机构每月通信费用支出约为 2000 元，全体员工每月约完成 600 人日工作量。因此，每人日工作量分摊的通信费用为 2000/600=3.3（元） 每人日工作量分摊的通信费用占工作量单价的比例为 3.3/682=0.48%

根据表 8-40 的评估结果，本项目的办公成本占测试人工成本的比例为

2.9%+2.4%+1.2%+0.48%=7%

8.4.6.2　管理成本

第三方测评机构的管理相关人员包括主任、技术负责人、质量负责人、财务人员、设备管理员、资料管理员、计划管理员、样品管理员，共 5 人（部分人员兼两个角色）。这些员工的薪资待遇总和约为所有参与测试项目员工薪资待遇总和的 13%，因此，管理成本按测试人工成本的 13%计算。

8.4.7　软件测试成本的计算

软件测试各项成本统计见表 8-41。

表 8-41　软件测试各项成本统计

产品名称		××智能泊车卡系统	
直接成本 DC	测试工具成本 IC	测试工具成本 IC：28186 元	
	测试环境成本 EC	以人工成本的 5%计	
	测试人工成本 LC	软件测试人工工作量 TW：68 人日	
		产品说明评审 SR：68×10%=6.8 人日	
		用户文档集评审 DR：68×20%=13.6 人日	

续表

产品名称	××智能泊车卡系统	
间接成本 IDC	办公成本 OC	按人工成本的7%计算
	管理成本 MC	按人工成本的13%计算
调整因子 DF	软件复杂性调整因子 C	取值 1.15
	软件完整性调整因子 I	取值 1.7
	测试风险调整因子 R	取值 1.15
	回归测试调整因子 T_r	取值 0.79
	现场测试调整因子 X	取值 1.0
	加急测试调整因子 U	忽略
	测评机构资质调整因子 A	取值 1.2
工作量单价 S	682 元/（人日）	

注：工作量单价主要参考中国软件行业基准数据（SSM-BK-201404）发布的三线城市人月费率[济南：1.59 万元/（人月）；成都：1.58 万元/（人月）]并结合本市的信息化建设项目软件开发人月费率[1.5 万元/（人月）]而确定，每月按 22 个工作日计算。因此，工作量单价为 15000/22=682 元/（人日）。

（1）调整前的人工成本工作量计算：

$$UW=TW+SR+DR=68+6.8+13.6=88.4（人日）$$

UW：调整前的人工成本工作量

TW：软件测试人工成本工作量

SR：产品说明评审人工成本工作量

DR：用户文档集评审人工成本工作量

（2）软件测试成本调整因子计算：

$$DF= C×I×R×X×A×（1+T_r）=1.15×1.7×1.15×1.0×1.2×（1+0.79）=4.83$$

DF：软件测试成本调整因子

C：软件复杂性调整因子

I：软件完整性调整因子

R：测试风险调整因子

X：现场测试调整因子

A：测评机构资质调整因子

T_r：回归测试调整因子

（3）测试人工成本计算：

$$LC=UW×DF×s=88.4×4.83×682=291195（元）$$

LC：测试人工成本

UW：调整前的人工成本工作量

DF：软件测试成本调整因子

S：工作量单价

（4）软件测试直接成本计算：

$$DC=LC+EC+IC=291195+291195×5\%+28186=333941（元）$$

DC：软件测试直接成本

LC：测试人工成本

EC：测试环境成本

IC：测试工具成本

（5）软件测试间接成本计算：

$$IDC=OC+MC=291195×7\%+291195×13\%=58239（元）$$

IDC：软件测试间接成本

OC：办公成本

MC：管理成本

（6）软件测试成本计算：

$$STC=DC+IDC=333941+58239=392180（元）$$

STC：软件测试成本

DC：软件测试直接成本

IDC：软件测试间接成本

8.5 智慧城市应用案例分析

8.5.1 软件简介

某市的智慧城市项目合同于 2015 年 4 月签订，某电子信息产品监督检验研究院于 2016 年 4 月开始与该项目组接触，在商务谈判期间，依据《软件测试成本度量规范（报批稿）》进行软件测试费用成本度量并以此度量结果对其进行报价。该系统包括智慧城市农民钱包、智慧城市中小企业服务平台、智慧城市电商平台、城市门户、智慧城市公共缴费平台等核心子系统。系统涉及很多完全不同的领域，金融、卫生、电子商务等，不同的功能模块的技术背景和行业背景差异巨大。

本次测试以第三方测评机构的角度进行成本估算，在评估过程中，采用了"软件测试生存周期各阶段估算测试人工工作量"方法。根据用户提供的资料，在测试需求文档、操作手册、验收说明等文档对照中发现有多处不一致的地方，这种情况下，如果按照功能点分析方法进行估算成本显然不准确。同时，在以往工作中，第三方测评机构多次采用"软件测试生存周期各阶段估算测试人工工作量"方法进行成本估算，经验较为丰富，估算结果与实际情况差异不大。因此，采用了"软件测试生存周期各阶段估算测试人工工作量"方法进行成本估算。

8.5.2 测试直接成本估算

8.5.2.1 测试范围

本次测试为系统验收测试，主要进行功能测试和用户文档集测试，测试范围包括各个功能模块，开发方提供了用户需求说明书、系统设计、用户手册等文档。依据客户合同的约定，仅仅对系统进行功能确认测试，判定其功能是否符合产品需求规格说明中的要求，不涉及可靠性、效率、易用性、可维护性、系统可移植性的测试。

8.5.2.2 软件规模估算

乙方采用迭代方式开发，在迭代周期内对本次迭代的版本进行内部测试，按照软件测试生存周期各阶段进行测试工作量的估算。根据标准，软件测试生存周期各阶段划分如下：

（1）测试需求：根据软件需求规格说明确定测试需求。

（2）测试策划：确定测试的内容或质量特性，确定测试的充分性要求。

（3）测试策略或方法的选择：根据测试要求、送测软件文档和测试规范，确定测试的方法。

（4）测试环境准备：准备测试需求的各种环境，测试代码开发，包括设计驱动模块和桩模块。

（5）测试数据准备：测试执行前，为测试能够进行准备一组可以验证的数据。

（6）测试用例开发：测试用例设计，包括自动化测试时的录制和编辑测试脚本。

（7）测试执行：依据测试用例执行软件测试，并记录测试结果，包括手工测试和/或自动化测试。

（8）测试结果分析：对测试执行过程中所产生的结果输出进行分析。

（9）测试报告编制：整理编制并发布测试报告。

（10）测试评估：对测试进行分析及评审，包括测试的收益、软件将来可能存在的风险。

由于本次测试属于第三方验收测试，所以不包括测试需求、测试策略或方法的选择、测试评估等阶段，测试报告编制阶段的人工工作量将在使用调整因子调整后再进行合计。

依据以往版本迭代周期内的测试经验，软件测试生存周期各阶段测试工作量预估情况见表 8-42。

表 8-42　软件测试生存周期各阶段测试工作量预估情况

阶　　段	测试人工工作量/人日
测试策划	1
测试环境准备	1.5
测试数据准备	1.5

阶　　段	测试人工工作量/人日
测试用例开发	18
测试执行	25
测试结果分析	2
测试报告编制	7
测试人工工作量合计	55

8.5.3　测试直接成本调整因子

8.5.3.1　软件复杂性调整因子

软件复杂性描述见表 8-43。

表 8-43　软件复杂性描述

模　　块	复杂性程度情况描述	标准中对应特性
系统中所涉及的所有模块	（1）智慧城市中小企业平台、智慧城市电商平台、智慧城市农民钱包、智慧城市公共缴费平台、智慧城市医付通模块在信息发布、智慧城市缴费等方面有相关业务； （2）智慧城市中小企业平台、城市公共缴费系统子模块较多； （3）在整个系统中有多处关于缴费、发票等涉及安全方面的业务	（1）系统规模较大，子模块较多且相互影响关联，或需与其他系统对接使用； （2）存在大量的控制或者安全设施

依据标准，被测软件出现了两项复杂性特征，取值范围为 1.3～1.5，但在操作手册和需求说明书中未发现过于复杂的情况，在支付方面的复杂性程度并不高，各个模块的关联业务也不是十分复杂。因此，复杂性调整因子的取值范围为 1.3～1.4。

8.5.3.2　软件完整性调整因子

软件完整性级别见表 8-44。

表 8-44　软件完整性级别

系统风险	发生频率	后果严重性	风险等级	完整性级别
中小企业库存管理模块，只有初次盘点功能，没有审核、审批等功能	经常	严重	高	A

软件最终完整性级别按照威胁最高的风险来确定，该软件的完成性级别为 A，按照标准，软件完整性级别对应调整因子的取值范围为 1.6～1.8。但考虑到此系统主要为三线城市的大部分中小企业提供服务，这些企业可能没有这方面的实际需求，因此，调整因子的取值范围为 1.6～1.7。

8.5.3.3 测试风险调整因子

测试风险描述见表 8-45。

表 8-45 测试风险描述

风险情况描述	标准中对应特性
（1）测试过程中存在财务、医疗方面的知识要求； （2）在测试过程中测试环境的影响，如需要提供燃气缴费卡、医保卡、银行卡、违章记录信息等； （3）数据风险性，如在测试燃气缴费时、农民购买商品时，与银行、信用社等组织进行信息关联	被测试软件的领域有特殊要求
在测试需求文档、操作手册、验收说明等文档对照中，发现有多处不一致的地方。例如，在验收说明文档中提到的医院领导、医生简介等功能，在操作手册中并未提及	被测软件与测试文档不一致

依据标准，出现"被测软件的领域有特殊要求"属于高风险情况，测试风险调整因子的取值范围应设为 1.3～1.5。但在预测到风险后，进行了减轻风险方面的预防措施，因此，测试风险调整因子的取值范围为 1.3～1.4，"被测软件与测试文档不一致"的取值范围为 1.1～1.2。在这里，取较大值。

8.5.3.4 回归测试调整因子

本次测试只进行 1 次回归测试，回归测试汇总见表 8-46。

表 8-46 回归测试汇总

回归模块/流程	对应工作量
主要模块	20%

按照标准，回归测试调整因子的取值范围应设为 0.6～0.8，但由于软件规模较大，工期较紧，不可能进行全模块的回归测试，只对部分重要模块进行回归测试。重要模块的定义为主要业务功能模块及测试以后发现问题较多的模块，考虑该软件主要业务功能模块的数量在 20%左右和问题较多模块数量的不确定性，因此，回归调整因子值取 0.6。

8.5.3.5 现场测试调整因子

现场测试调整因子的取值范围为 1.0～1.3，5 个人在现场测试，预计测试时间 5 天。在此期间，出差各类支出成本增加明显，经过简单计算，现场测试调整因子取值 1.2 较为合理。

8.5.3.6　加急测试调整因子

因无加急要求，故该项调整因子取值 1.0。

8.5.3.7　测评机构资质调整因子

测评机构资质齐全，包括 CNAS、软件测评联盟、计量等一些重要的资质，但从全国范围来说，该测评机构的资质还不算顶级，故资质调整因子取值 1.2。

8.5.4　测试工具成本估算

本次测试没有使用工具，故取值 0。

8.5.5　测试环境成本估算

本次测试所需要的硬件环境包括所有人员的台式计算机、打印机、出差所用笔记本电脑等，测试所需要的软件环境的成本包括正本操作系统、办公软件等。因涉及的硬件比较多，软件使用得比较少，故按直接成本的 10% 计算。

8.5.6　测试间接成本

8.5.6.1　办公成本

本项目的办公成本包括测试场地租金、水电费用、办公用品费用和通信费用在本项目的分摊费用，办公成本列项见表 8-47。

表 8-47　办公成本列项

列　项	预估成本/元	详　细
各项补助	4500	出差补助为 180 元/（人日）
住宿	4500	5 人 3 间房，每间每日 300 元，5 天
差旅	500	客车票及出租车费用
……	……	……

办公成本总计 4500+4500+500=9500 元。

8.5.6.2　管理成本

因为管理成本在其他的分项中均有所考虑，所以在此不进行计算。

8.5.7 软件测试成本的计算

按照标准中规定的公式，计算出测试成本，软件测试各项成本统计见表 8-48。具体示例参照标准附录 A。

表 8-48　软件测试各项成本统计

产品名称		智慧城市软件
直接成本 DC	测试工具成本 IC	0
	测试环境成本 EC	按人工成本的10%计算
	测试人工成本 LC	软件测试人工工作量 TW：按测试流程方法计算，最终结果为48人日
		产品说明评审 SR：8人日
		用户文档集评审 DR：10人日
间接成本 IDC		9500元
调整因子 DF	软件复杂性调整因子 C	取值范围为1.3～1.4
	软件完整性调整因子 I	取值范围为1.6～1.7
	测试风险调整因子 R	取值范围为1.3～1.4
	回归测试调整因子 T_r	取值0.6，回归测试1次
	现场测试调整因子 X	取值1.2
	加急测试调整因子 U	取值1.0
	测评机构资质调整因子 A	取值1.2
工作量单价 s		300元/（人日）

（1）软件测试的人工成本工作量计算：

$$UW=TW+SR+DR=55+8+10=73（人日）$$

（2）软件测试成本调整因子计算：

DF（下限值）= $C×I×R×U×X×A×(1+n×T_r)$= 1.3×1.6×1.3×1.2×1.0×1.2×(1+0.6)= 6.230016

DF（上限值）= $C×I×R×U×X×A×(1+n×T_r)$= 1.4×1.7×1.4×1.2×1.0×1.2×(1+0.6)= 8.676928

（3）测试人工成本计算：

LC（下限值）=UW×DF×s=73×6.230016×300=136438.3504（元）

LC（上限值）=UW×DF×s=73×8.676928×300=168124.7232（元）

（4）测试工具成本计算：

$$IC=OT+RT=0+0=0（元）$$

（5）软件测试直接成本计算：

DC（下限值）=LC+EC+IC =136438.3504+136438.3504×10%+0=150081.08544（元）

DC（上限值）=LC+EC+IC =168124.7232+168124.7232×10%+0=184938.19552（元）

（6）软件测试成本计算：

STC（下限值）=DC+IDC=150081.08544+9500=159581.08544（元）

STC（上限值）=DC+IDC=184938.19552+9500=194438.19552（元）

本次智慧城市软件测试项目最终软件测试成本为 15.9581 万～19.4437 万元

第 9 章　信息技术运维成本度量

9.1 标准主要内容

《信息技术服务 运行维护 第 7 部分：成本度量规范》（计划号：20194187-T-469）拟规定运维成本度量的方法及过程，包括运维成本的构成及运维成本度量过程。本标准适用于各类组织度量信息技术服务运行维护成本，包括 GB/T 29264—2012《信息技术服务 分类与代码》中列出的六类运维服务，即基础环境运维服务、硬件运维服务、软件运维服务、安全运维服务、运维管理服务以及其他运维服务。同时，也包括 SJ/T 11564.4—2015《信息技术服务 运行维护 第 4 部分：数据中心规范》（本标准的报批稿已进入报批程序，项目计划号为 20153680-T-469）和 SJ/T 11564.5—2017《信息技术服务 运行维护 第 5 部分：桌面及外围设备规范》行业标准对基础设施、硬件、桌面及外围设备等运维服务对象的覆盖。

六类运维服务具体介绍如下：

（1）基础设施运维服务是对保证信息系统正常运行所必需的电力、空调、消防、安防等基础环境的运维，包括机房电力、消防、安防等系统的例行检查及状态监控、响应支持、故障处理、性能优化等服务。基础设施运维服务的对象包括供配电系统、发电机系统、精密空调系统、新风系统、防雷接地系统、消防系统、视频监控系统、门禁系统等；基础设施运维成本度量就是对提供基础设施运维服务而发生的成本进行测算。

（2）硬件运维服务是指对硬件设备（网络、主机、存储、桌面设备以及其他相关设备等）的例行检查及状态监控、响应支持、故障处理、性能优化等服务。硬件运维的对象包括网络及网络设备、主机设备（PC 服务器、小型机和大型机等）、存储设备、桌面及外围设备（固定计算终端、移动计算终端、外围输入/输出设备、外围存储设备和外围通信设备）以及其他硬件。硬件运维服务成本度量就是对提供硬件运维服务而发生的成本进行测算。

（3）软件运维服务是指采用信息技术手段及方法，依据需方提出的服务级别要求，对其所使用的信息系统运行环境、业务系统等提供的综合服务。软件运维的服务内容包括对软件（包括基础软件、支撑软件、应用软件等）的功能修改完善、性能调优，以及常规的例行检查和状态监控、响应支持等服务。软件运维成本度量就是对提供这些服务而发生的成本进行测算。

（4）安全运维服务是指为保持信息系统在运行过程中所发生的一切与安全相关的管理与维护行为。安全运维服务内容包括安全巡检、安全加固、脆弱性检查、渗透性测试、安全风险评估、应急保障等服务。安全运维成本度量就是对提供安全运维服务而发生的成本进行测算。

（5）运维管理服务是指整体承担基础环境、硬件、软件、安全等综合性运维而提供的管理服务，主要包括对运维项目的策划、实施过程协调、质量检查、总结改进等活动的管理，确保运维项目交付的服务成果达到服务级别协议要求，并使服务质量的持续改进。运维管理服务对象为运维活动中的人员、流程、数据和交付成果等，运维管理成本度量就是对提供这些管理服务而发生的成本进行测算。

（6）其他运维服务是指属于运行维护类且上述 5 类未包含的运维服务，主要包括数据迁移服务、应用迁移服务、机房或设备搬迁服务等服务。数据迁移服务指利用专业的数据迁移技术或工具，将数据从一个存储位置迁移到另一个存储位置，并确保迁移后数据的完整性和正确性。根据信息系统环境不同，数据迁移可能是在不同操作系统之间、不同存储平台之间、不同数据库之间进行，也可能是从物理服务器和存储设备迁移到云端。应用迁移服务是指将原系统的数据和应用迁移到新系统中，服务对象包括应用及数据。机房或设备搬迁服务是指将机房中的设备从原机房搬迁到新机房，服务对象包括主机、存储、网络等 IT 设备和相关辅助设备和系统。其他运维成本度量就是对提供这些服务而发生的成本进行测算。

本标准的主要内容包括以下 3 个方面：

（1）运行维护成本模型。本标准依据财务惯例并充分考虑信息技术服务特点，将运行维护成本分为直接人力成本、直接非人力成本、间接人力成本、间接非人力成本。此成本分类也与已发布的软件成本与绩效系列国家标准和行业标准保持一致。

（2）运行维护成本度量模型。本标准明确了运维成本度量过程包括规模度量、工作量度量及成本度量三部分，以及相关关键影响因素。运行维护成本度量模型如图 9-1 所示。

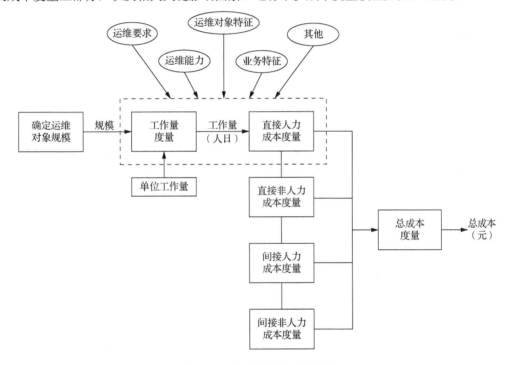

图 9-1　运行维护成本度量模型

（3）各类运行维护服务成本度量的具体方法。本标准依据 GB/T 29264—2012《信息技术服务 分类与代码》将运行维护服务进行分类，并明确了各类服务的成本度量方法及主要影响因子。

9.2 软件运维成本度量技术思路

软件运维度量包括规模度量、工作量度量、成本度量。对以定制化为主的应用软件，应根据已知的项目功能描述，采用功能点分析方法度量软件规模（对尚未交付的信息化项目，在进行规模测算时，应根据隐含需求对规模产生的影响，对测算规模进行调整）；而对其他软件（包括但不限于支撑软件、应用软件等），应以软件套数为基础度量软件规模。

在工作量度量时，应采用以下公式：

$$AE = (S \times PDR) \times MLF \times MCF \times MSF$$

式中，

AE ——测算工作量，单位为人时；

S ——软件功能规模，单位为功能点或套；

PDR——运维耗时率，单位为人时/功能点或人时/套；

MLF——运维水平要求调整因子；

MCF——运维能力调整因子；

MSF——运维系统及业务特征调整因子。

其中，运维水平要求调整因子包括（但不限于）软件更新频率、技术支持方式、安全等级、业务重要性；运维能力要求调整因子包括（但不限于）运维团队经验、自动化程度；运维系统及业务特征调整因子包括（但不限于）部署方式、用户规模、系统关联性、业务单元数。

在进行成本度量时，既可以根据已测算出的工作量，并结合相应的人月成本费率，计算运维成本及费用，也可以采用运维功能点单价，结合运维规模，直接计算软件运维成本。

9.3 软件运维成本度量示例

9.3.1 原始需求

北京市某公司预建设一套人力资源管理系统，对本公司的组织架构、人员信息、培训情况等进行管理，人力资源管理系统原始需求示例见表 9-1。

表 9-1 人力资源管理系统原始需求示例

人力资源管理系统原始需求
......
1.1 组织架构管理
对公司的组织架构进行维护，可以对部门进行新建、修改、删除、合并、改变归属关系、并根据已录入的档案信息自动显示部门人数。
1.2 档案管理
对员工的信息进行管理，包括员工基本信息、家庭档案信息、工作记录等。授权用户可以对员工档案进行查询或进行修改。
1.3 培训管理
对公司每次培训进行管理，可自动发送培训通知。
......

9.3.2 软件运维费用估算

首先对规模进行估算，规模采用功能点进行计数，方法采用快速功能点分析方法（参考国家标准 GB/T 36964—2018《软件工程 软件开发成本度量规范》）。考虑到原始需求内容比较粗略，因此，预算小组决定采用快速功能点中的预估功能点分析方法进行规模估算，只需要对逻辑文件进行计数即可，逻辑文件计数见表 9-2。

表 9-2 逻辑文件计数

项　目	名　称	类　型
1.1 组织架构管理	部门信息	ILF
1.2 档案管理	人员信息	ILF
1.3 培训信息	培训信息	ILF

因此，本项目规模未调整前的功能点数为 3×35=105 个。在预算阶段，根据行业基准数据库，规模变更调整因子值为 1.39。该项目调整后的总功能点数为 105×1.39= 145.95 个。综上所述，预算阶段该项目的总规模为 145.95 个功能点。

获得软件规模后，其工作量计算公式如下：

工作量=调整后规模×生产率×运维水平要求因素×运维能力因素×运维系统特征因素

预算小组根据软件系统特征及运维要求，查表获得各个工作量调整因子，见表 9-3。

表 9-3 工作量调整因子

名　　称	工作量调整因子
运维水平要求因素	0.95
运维能力因素	1.00
运维系统特征因素	1.14
工作量调整因子	0.95×1.00×1.14=1.08

基于行业基准数据的应用软件运维生产率中值 0.92 人时/FP，计算工作量（按照 1 人月等于 21.75 人日，1 人日等于 8 人·时计算）：

调整前的工作量为

$$145.95×0.92÷8÷21.75=0.77（人月）$$

调整后的工作量为

$$0.77×1.08=0.83（人月）$$

预算小组确认该项目费用为

$$工作量×人月费率+直接非人力成本$$

基于行业基准数据，北京市应用软件运维基准人月费率为 22651 元/（人月）。其中，人月费率包括直接人力成本、间接人力成本和间接非人力成本。

本项目无差旅费、无专门购买设备等直接非人力成本，预算小组根据北京市应用软件运维基准人月费率，确定项目运维费用的行业建议值，即

$$0.83×226551＝1.89（万元）$$

第 10 章 《信息技术 云计算 云服务计量指标》标准解读

10.1 标准概述及结构说明

10.1.1 概述

GB/T 37735—2019《信息技术 云计算 云服务计量指标》规定不同类型云服务的计量指标和计量单位，可在各类云服务的提供、采购、审计和监管等过程中使用。本章对《信息技术 云计算 云服务计量指标》中各部分内容进行了解读，以便读者更好地理解和应用该标准。

随着众多国内外厂商围绕云计算开发出大量的产品，越来越多的互联网应用开始尝试部署在云平台上，基于云计算的解决方案也在多个领域逐步开始实施，云服务市场方兴未艾。云服务的多样性、资源平台的异构性以及虚拟化技术的大量应用，使得云服务厂商在推出云服务时采用不同的计量指标和计费模式，给用户选择、迁移和使用云服务带来了诸多困扰。具体如下：

（1）客户在选购云服务时，面临同一个云服务产品而不同的服务提供商提出的服务内容和价格不同的问题。

（2）政府、企业在预算、招投标、项目计划等活动中，因为缺少科学统一的计量和计费标准，无据可依，导致预算浪费或预算不足。

（3）在云服务使用过程中，由于缺乏统一规范的计量指标和计费方法，第三方评估机构无法对市场上的云服务进行监管。

科学统一的云服务计量方法既是政府和企业用户采购云服务的重要依据，也是当前云计算软件产业发展的迫切需要。为了解决以上问题，制定了国家标准 GB/T 37735—2019。

10.1.2 标准的结构

GB/T 37735—2019 标准内容分 7 章。其中前 3 章是关于标准的必备要素：第 1 章为标准范围，第 2 章为规范性引用文件，第 3 章为相关的术语与定义。

第 4~7 章是关于标准的主体内容：第 4 章为云服务计量指标的概述，第 5~7 章分别为基础设施、平台和应用涉及的云服务计量指标。

10.1.3　标准的范围

【标准原文】

本标准规定了不同类型云服务的计量指标和计量单位。

本标准适用于各类云服务的提供、采购、审计和监管。

【标准解读】

GB/T 37735—2019 适用于甲方采购云服务、乙方提供云服务以及第三方评估机构对各类云服务进行审计和监管。

10.1.4　标准中的规范性引用文件

该标准的第 2 章列举了标准中所引用到的其他标准。

【标准原文】

下列文件对于本文件的应用是必不可少的。凡是注日期的引用文件，仅注日期的版本适用本文件。凡是不注日期的引用文件，其最新版本（包括所有的修改单）适用于本文件。

GB/T 32399—2015《信息技术 云计算 参考架构》

GB/T 32400—2015《信息技术 云计算 概览与词汇》

【标准解读】

GB/T 32399—2015 规范了云计算参考架构（CCRA），包括云计算角色、云计算活动、云计算功能组件以及它们之间的关系。GB/T 32400—2015 为云计算提供了术语基础。

10.2　概述

【标准原文】

本标准根据基础设施、平台和应用三种类型，规定了不同类型云服务的计量指标和计量单位。

通过基础设施类服务，云服务客户能配置和使用计算、存储或网络资源。基础设施类服务包括计算、存储、网络三类服务。计算类服务包括虚拟机和镜像服务。存储类服务包括存储盘和快照服务。网络类服务包括私有虚拟网络、公网、虚拟防火墙和虚拟负载均衡器服务。

通过平台类服务，云服务客户能使用云服务提供者支持的编程语言和执行环境来部署、管理和运行客户创建或获取的应用。平台类服务包括中间件和数据库类服务。中间件服务包括消息中间件、缓存中间件和应用中间件三类服务。数据库类服务包括数据库服务。

通过应用类服务，云服务客户能使用云服务提供者提供的应用。应用类服务包括 API 监控和应用软件两类服务。

【标准解读】

当前主流云服务类型包括基础设施类服务（IaaS）、平台类服务（PaaS）和软件类服务（SaaS）。本标准依据云服务类型将云服务计量指标划分为三类，并给出计量指标和计量单位。

基础设施类服务包括计算、存储、网络三类服务。计算类服务包括虚拟机和镜像服务。存储类服务包括存储盘和快照服务。网络类服务包括私有虚拟网络、公网、虚拟防火墙和虚拟负载均衡器服务。通过基础设施类服务，云服务客户能配置和使用计算、存储或网络资源。

平台类服务包括中间件和数据库类服务。中间件服务包括消息中间件、缓存中间件和应用中间件三类服务。通过平台类服务，客户能使用云服务支持的编程语言和执行环境来部署、管理和运行客户自己创建或获取的应用。

软件类服务包括 API 监控和应用软件两类服务。通过应用类服务，云服务客户能使用云服务提供的应用。

10.3　基础设施

10.3.1　计算类

10.3.1.1　虚拟机

【标准原文】

虚拟机服务计量指标见表 1。

表 1　虚拟机服务计量指标

编号	计量指标	计量基本单位	描　　述
1	CPU 核数	核	每一个虚拟机实例中,处理器核的个数
2	内存容量	字节	每一个虚拟机实例中,内存容量的大小
3	数据盘容量	字节	每一个虚拟机实例中,数据盘容量的大小
4	运行时长	秒	每一个虚拟机实例中,正常运行的总时间

【标准解读】

虚拟机的性能主要与 CPU 核数、内存容量、数据盘容量相关,因此,将其作为虚拟机服务计量的重要指标。同时,虚拟机运行时长表征了用户享受虚拟机服务的时间,因此,运行时长被纳入虚拟机服务计量的指标中。通常 CPU 核数越多,内存容量和数据盘容量越大,运行时长越长,费用越高。

10.3.1.2　镜像

【标准原文】

镜像服务计量指标见表 2。

表 2　镜像服务计量指标

编号	计量指标	计量基本单位	描　　述
1	镜像大小	字节	单个镜像占用存储空间的大小
2	使用时长	秒	单个镜像使用的总时间

【标准解读】

镜像的大小是衡量虚拟机服务用户使用资源数量的重要参考,镜像使用时长表征了用户享受该服务的时间,因此将镜像大小和使用时长作为镜像服务计量的指标。通常镜像越大,使用时长越长,费用越高。

10.3.2　存储类

10.3.2.1　存储盘

【标准原文】

存储盘服务计量指标见表 3。

表3　存储盘服务计量指标

编号	计量指标	计量基本单位	描　　述
1	存储容量	字节	存储空间的总大小
2	存储的 IOPS	次数/秒	单位时间内对存储进行读或者写操作的次数
3	存储吞吐率	字节/秒	单位时间内对存储进行读或者写操作的数据量大小

【标准解读】

存储容量的大小是衡量虚拟机服务中用户使用存储资源多少的重要参考，而存储的 IOPS 和吞吐率是衡量存储盘性能的重要特征。因此，将存储容量、存储的 IOPS 和存储吞吐率作为存储盘服务计量指标。通常，存储容量越大，存储的 IOPS 和吞吐率越高，费用也越高。

10.3.2.2　快照

【标准原文】

快照计量指标见表4。

表4　快照服务计量指标

编号	计量指标	计量基本单位	描　　述
1	快照大小	字节	单个快照占用存储空间的大小

【标准解读】

快照是卷在某个时间点的副本，其大小是衡量用户使用存储服务资源多少的重要参考，因此将其作为快照计量指标。通常快照越大，费用越高。

10.3.3　网络类

10.3.3.1　私有虚拟网络

【标准原文】

私有虚拟网络服务计量指标见表5。

表5　私有虚拟网络服务计量指标

编号	计量指标	计量基本单位	描　　述
1	私网个数	个	虚拟交换机的私网个数

【标准解读】

私有虚拟网络服务与虚拟机交换机的私网个数相关，且通常数量越多，收费越高。

10.3.3.2 公网

【标准原文】

公网服务计量指标见表 6。

表 6 公网服务计量指标

编号	计量指标	计量基本单位	描　述
1	公网 IP 个数	个	公网 IP 地址的总个数
2	公网带宽	位/秒	单位时间内公网传输的数据量大小
3	公网流量	字节	公网发送和接收的总数据量字节数

【标准原文】

公网服务与私网服务不同，需要占用公网 IP、带宽和使用流量，因此将其作为公网服务计量的重要指标。通常占用公网 IP 数量越多，带宽越大，使用的流量越多，费用也越高。

10.3.3.3 虚拟防火墙

【标准原文】

虚拟防火墙服务计量指标见表 7。

表 7 虚拟防火墙服务计量指标

编号	计量指标	计量基本单位	描　述
1	虚拟防火墙吞吐率	位/秒	单位时间内虚拟防火墙处理的数据量大小
2	虚拟防火墙数量	个	虚拟防火墙的总数量

【标准解读】

虚拟防火墙单位时间内处理的数据量大小及虚拟机防火墙数量是衡量虚拟机防火墙服务的重要参考，通常虚拟机防火墙吞吐率越高，数量越多，费用也越高。

10.3.3.4 虚拟负载均衡器

【标准原文】

虚拟负载均衡器服务计量指标见表 8。

表8 虚拟负载均衡器服务计量指标

编号	计量指标	计量基本单位	描 述
1	虚拟负载均衡器个数	个	虚拟负载均衡器实例的个数
2	虚拟负载均衡器带宽	位/秒	单个虚拟负载均衡器占用的公网带宽
3	虚拟负载均衡IP个数	个	虚拟负载均衡监听器对外提供服务的IP个数
4	虚拟负载均衡器最大连接数	个	虚拟负载均衡能够处理的最大连接个数

【标准解读】

虚拟负载均衡器的带宽、IP数量,以及虚拟负载均衡器的个数和最大连接数是衡量虚拟负载均衡器性能的重要参考。通常,虚拟负载均衡器的数量越多,最大连接数越大,带宽越高,IP数量越多,费用也越高。

10.4 平台

10.4.1 中间件类

10.4.1.1 消息中间件

【标准原文】

消息中间件服务计量指标见表9。

表9 消息中间件服务计量指标

编号	计量指标	计量基本单位	描 述
1	消息服务实例的个数	个	租户单独使用的消息服务(收/发)实例的数量
2	实例日志存储量	字节	实例运行中日志的存储空间占用
3	处理消息条数	条	指定时间段内,使用消息服务成功发出/接收的消息的数目

【标准解读】

消息服务实例的个数、实例日志存储量是衡量消息中间件占用资源的重要参数,处理消息的条数则是表征用户享受消息中间件服务的重要参数。通常,消息服务实例的个数越多,实例日志存储量越高,处理消息条数越多,费用也越高。

10.4.1.2 缓存中间件

【标准原文】

缓存中间件服务计量指标见表 10。

表 10 缓存中间件服务计量指标

编号	计量指标	计量基本单位	描 述
1	缓存大小	字节	缓存占用的存储大小

【标准解读】

缓存越大，则缓存中间件占用的资源越多，通常收费也越高。

10.4.1.3 应用中间件

【标准原文】

应用中间件服务计量指标见表 11。

表 11 应用中间件服务计量指标

编号	计量指标	计量基本单位	描 述
1	实例数	个	租户在应用服务器服务上，部署的独立运行的应用/服务的数量
2	实例使用时间	秒	实例从创建、启动、更新、反部署到停止或下次更新或反部署占用的时间
3	实例的访问数	次	根据系统设置的时间间隔采集的用户对实例的请求数量
4	实例吞吐量	字节	指定时间段内，实例对外服务的请求/响应的数据量
5	实例内存使用量	字节	指定时间段内，实例对内存的占用大小
6	实例日志存储量	字节	实例运行中日志占用的存储空间

【标准解读】

实例吞吐量是衡量应用中间件服务的重要参数。实例数、实例使用时间、实例的访问数、实例内存使用量、实例日志存储量能够用来衡量用户占用资源的多少。通常实例数越多，实例使用时间越长，实例的访问数越多，实例吞吐量越大，实例内存使用量越多，实例日志存储量越大，收费就越高。

10.4.2 数据库类

数据库服务计量指标见表 12。

表 12 数据库服务计量指标

编号	计量指标	计量基本单位	描 述
1	实例数	个	租户在数据库服务上，部署的独立运行的应用/服务的数量
2	实例使用时间	秒	实例从创建、启动、更新、反部署到停止或下次更新或反部署占用的时间
3	实例的访问数	次	根据系统设置的时间间隔采集的用户对实例的请求数量
4	实例吞吐量	字节	指定时间段内，实例对外服务的请求/响应的数据量
5	实例内存使用量	字节	指定时间段内，实例对内存的占用大小
6	实例日志存储量	字节	实例运行中日志的存储空间占用
7	连接数	个	请求的连接数
8	存储大小	字节	申请的存储空间
9	容灾实例的个数	个	备份实例的个数

【标准解读】

数据库实例吞吐量是衡量数据库服务性能的重要参数。实例数、实例使用时间、实例访问时间、实例内存使用量、实例日志存储量、连接数、存储大小、容灾实例的个数能够用来衡量用户占用数据库服务资源的多少。通常，实例数越大，实例使用时间越长、访问数越多，实例内存使用量、实例日志存储量、连接数、存储量越大，容灾实例的个数越多，实例吞吐量越高，费用也越高。

10.5 应用

10.5.1 API 监控

【标准原文】

API 监控服务计量指标见表 13。

表 13　API 监控服务计量指标

编号	计量指标	计量基本单位	描　述
1	API 调用次数	次	一定时间段内 API 被调用的总次数
2	API 调用频率	次/秒	单位时间内 API 被调用的次数

【标准解读】

通常，API 监控服务调用的次数越多，调用频率越高，则费用越高。

10.5.2　应用软件

【标准原文】

应用软件服务计量指标见表 14。

表 14　应用软件服务计量指标

编号	计量指标	计量基本单位	描　述
1	使用时间	秒	单个应用软件被使用的总时间
2	租户个数	个	使用单个应用软件的租户个数
3	使用个数	个	使用的应用软件的总个数
4	使用次数	次	使用单个应用软件的次数
5	处理的对象个数	个	应用软件用来处理的对象总个数

【标准解读】

通常，应用软件服务使用时间越长，租户数量、使用数量、处理对象数量越大，使用次数越高，费用也越高。

第 11 章　软件成本度量相关技术展望

科学地度量软件成本既是有效进行软件管理的重要依据，也是当前软件产业发展的迫切需要。

随着我国软件成本度量工作的不断推进，以软件开发成本度量工作为主的软件成本度量工作在军民两用方面取得了良好的效果，特别是在电子政务、金融、交通、通信、能源、制造和国防等领域，基于基准数据和模型的量化估算越来越受到各个行业的认可。同时，软件测试成本度量方法也成为第三方测试机构收费标准的重要依据。

在标准推广方面取得了丰硕成果的同时，在应用过程中也同时发现一些问题，亟待在后续工作中予以关注或明确，主要问题如下：

（1）软件规模测量方法的选择与优化。目前纳入国际标准的软件功能规模测量方法有 5 种，其间存在一定的差异，行业应用情况也不尽相同。标准的功能点分析方法在行业具体应用中也有局限性，导致部分典型系统（如 GIS 系统、数据仓库系统等）不能有效进行测量，因此需对度量方法进一步定制。但定制原则缺乏统一规定，定制后又缺乏有效的管理与审核，难以充分保证测量结果的一致性及有效横向比对。

（2）软件非功能规模测量。在我国软件规模测量主要基于国际标准的功能点分析方法，该方法并不能针对软件非功能规模进行有效的定量评价。而在多数行业软件开发中，非功能规模可能占较大的比重。如何对此类软件项目/产品进行科学评估并确定合理的资源代价，也是有待未来进一步研究和明确的。

（3）行业基准数据的积累与深入分析。由于标准应用时通常采用方程法进行工作量、成本及工期估算，因此，行业基准数据库的规模与质量对于标准能否有效应用起着至关重要的作用。当前行业基准数据库的采集及分析工作主要依赖行业专家，工作量投入大，数据采集分析周期长，数据库维护成本高，不仅限制了行业基准数据库的快速发展，而且也不能充分满足日益增长的行业数据基准比对需求。

（4）测评工具的支撑。软件成本度量工作涉及功能点的计数、费用类别的划分、基准数据及估算模型的应用等。目前，成本度量工作大多依托软件造价师完成，相关数据及工作产品也大多通过手工方式管理，相关工作的规范性和效率都受到了一定的影响，也限制了软件成本度量标准及方法的有效推广。

针对上述问题，未来应重点开展的工作包括以下 3 项：

（1）明确功能点分析方法选择/定制原则。建议在相关标准或指南中明确功能点分析方法的选择/定制原则，并对软件非功能规模测量的方法进行研究与探索，提出量化的度量方法。同时，针对典型系统，给出具体的定制建议，保证定制规则的一致性，进而确保在进行行业比对时，不同组织、不同产品功能规模数据的可比性。必要时，可考虑制定新的功能点标准以更好地适应新技术的发展以及非功能规模的测量。

（2）建立全新的行业基准数据库建设模式。一方面，可充分发动社会资源，加大对传统数据采集、分析模式的投入，确保行业基准数据有效运转并逐步扩充数据库规模，深化分析力度；另一方面，可采用新的技术及运营模式，通过构建分布式平台，低成本地获取数据并自动分析，从而保证行业基准数据库的快速发展。

（3）研发软件成本度量配套工具。以人工智能、大数据等技术为基础，将软件成本度量与软件过程管理工具深度结合，探索规模辅助审核/计数及工作量费用自动测算的工具，促进软件成本度量工作的推广和实施。

附录A 中国软件行业基准数据（2019年）

中国软件行业基准数据库（以下简称"行业基准数据库"）是在国家工业和信息化部软件服务业司的指导下，由中国电子技术标准化研究院、北京软件造价评估技术创新联盟、北京软件和信息服务交易所共同建设，由北京科信深度科技有限公司、北京中基数联科技有限公司提供数据统计与分析技术支持。

行业基准数据库服务于软件组织的生产过程改进、信息化单位工程造价估算、信息化工程监理和审计单位的项目监控等。

本附录为2019年发布的行业基准数据。读者可通过以下三种途径获取每年最新行业数据：中国电子技术标准化研究院行业基准数据发布网站（http://www.is-spec.cn/）、北京软件造价评估技术创新联盟官方网站（http://www.bscea.org/）、项目快速估算平台（http://www.parawork.com/）。

A.1 软件开发生产率

A.1.1 全行业软件开发生产率基准数据

软件开发生产率基准数据明细见表A.1，软件开发生产率如图A.1所示。

表A.1 软件开发生产率基准数据明细

软件开发生产率详细信息（单位：人时/功能点）				
P10	P25	P50	P75	P90
2.29	4.08	7.10	12.37	17.31

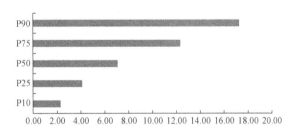

图A.1 软件开发生产率（单位：人时/功能点）

A.1.2 各业务领域软件开发生产率基准数据

各业务领域软件开发生产率基准数据明细见表A.2，各业务领域软件开发生产率如图A.2所示。

表 A.2　各业务领域软件开发生产率基准数据明细

生产率详细信息（单位：人时/功能点）				
业务领域	P10	P25	P50	P75	P90
电子政务	2.02	2.95	6.32	11.06	15.29
金融	3.39	5.71	11.31	15.88	27.24
电信	2.84	5.07	10.82	18.02	28.93
制造	2.33	3.78	8.32	17.43	25.54
能源	1.99	3.37	6.76	17.68	21.55
交通	2.08	3.25	7.51	14.14	22.03

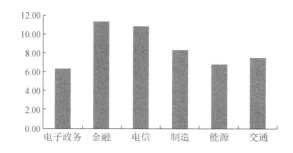

图 A.2　各业务领域软件开发生产率（单位：人时/功能点）

A.2　应用软件运维生产率

应用软件运维生产率基准数据明细见表 A.3，应用软件运维生产率如图 A.3 所示。

表 A.3　应用软件运维生产率基准数据明细

应用软件运维生产率详细信息（单位：人时/功能点）				
P10	P25	P50	P75	P90
0.32	0.57	0.92	1.54	2.16

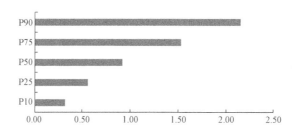

图 A.3　应用软件运维生产率（单位：人时/功能点）

A.3　软件质量

A.3.1　缺陷密度基准数据

缺陷密度基准数据明细见表 A.4，缺陷密度如图 A.4 所示。

表 A.4　缺陷密度基准数据明细

缺陷密度详细信息（单位：缺陷数/功能点）				
P10	P25	P50	P75	P90
0.03	0.11	0.30	0.75	1.33

说明：用于计算本基准数据的缺陷数为项目交付前各类测试活动（包括内部测试及用户验收测试，但不包括单元测试）发现的缺陷之和。

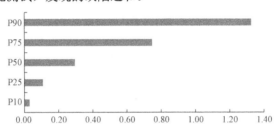

图 A.4　缺陷密度（单位：缺陷数/功能点）

A.3.2　交付质量基准数据

交付质量基准数据明细见表 A.5，交付质量如图 A.5 所示。

表 A.5　交付质量基准数据明细

交付质量详细信息（单位：缺陷数/千功能点）				
P10	P25	P50	P75	P90
2.34	6.97	17.71	41.98	82.74

说明：用于计算本基准数据的缺陷数为项目交付后 6 个月内发现的缺陷总数。

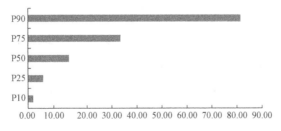

图 A.5　交付质量（单位：缺陷数/功能点）

A.4　软件开发工作量分布

软件开发过程各个工程活动工作量分布基准数据明细见表 A.6。

表 A.6　软件开发过程各个工程活动工作量分布基准数据明细

工程活动	需求	设计	构建	测试	实施
工作量占比	13.95%	13.16%	40.26%	21.89%	10.74%

A.5　人月费率

A.5.1　软件开发基准人月费率

软件开发人月费率的基准数据明细见表 A.7。

表 A.7　典型城市软件开发人月费率基准数据明细

城市名称	基准人月费率/元	城市类别
北京	28767	A
重庆	21933	C
上海	28548	A
天津	24200	B
长春	20497	D
成都	20953	D
大连	23205	C
广州	25418	B
哈尔滨	21354	C
杭州	26017	B
济南	21372	C
南京	24909	B
宁波	23589	C
青岛	22240	C
沈阳	22035	C
深圳	27291	A
武汉	22104	C
厦门	24378	B
西安	23042	C
长沙	22916	C

城市名称	基准人月费率/元	城市类别
合肥	20135	D
昆明	21868	C
石家庄	19523	D
苏州	25711	B
太原	21617	C

说明：表中，人月费率代表该地区统计数据中位数（P50），1 人月以 21.75 天计。费用包含软件开发的直接人力成本、间接人力成本、间接非人力成本及合理利润，但不包括直接非人力成本。其中 A 类城市基准人月费率超过 2.7 万元，包括北京、上海、深圳，平均基准人月费率为 2.82 万元；B 类城市基准人月费率超过 2.4 万元，如广州、天津、南京、厦门等，平均基准人月费率为 2.51 万元；C 类城市基准人月费率超过 2.1 万元，如重庆、哈尔滨、济南、西安等，平均基准人月费率为 2.23 万元；其他为 D 类城市，平均基准人月费率为 2.03 万元。

A.5.2　应用软件运维基准人月费率

应用软件运维人月费率的基准数据明细见表 A.8。

表 A.8　典型城市应用软件运维人月费率基准数据明细

城市名称	基准人月费率/元	城市类别
北京	22651	A
重庆	18587	C
上海	23593	A
天津	19675	B
长春	16139	D
成都	17317	D
大连	19833	C
广州	21182	B
哈尔滨	17648	C
杭州	21502	B
济南	17098	C
南京	19309	B
宁波	18007	C
青岛	18533	C
沈阳	18517	C
深圳	22555	A
武汉	17003	C

城市名称	基准人月费率/元	城市类别
厦门	19982	B
西安	19363	C
长沙	18631	C
合肥	17358	D
昆明	17635	C
石家庄	16135	D
苏州	20903	B
太原	17865	C

说明：表中，人月费率代表该地区统计数据中位数（P50），1 人月以 21.75 天计。费用包含应用软件运维的直接人力成本、间接人力成本、间接非人力成本及合理利润，但不包括直接非人力成本。城市类别划分与软件开发人月费率中的城市类别划分（见表 A.7）保持一致。其中 A 类城市包括北京、上海、深圳，平均基准人月费率为 2.29 万元；B 类城市如广州、天津、南京、厦门等，平均基准人月费率为 2.04 万元；C 类城市如重庆、哈尔滨、济南、西安等，平均基准人月费率为 1.82 万元；其他为 D 类城市，平均基准人月费率为 1.67 万元。

A.6　功能点单价

A.6.1　软件开发规模单价

功能点单价基准为 1173.83 元/功能点（以北京地区统计数据中位数为基准，费用包含软件开发的直接人力成本、间接人力成本、间接非人力成本及合理利润，但不包括直接非人力成本。其他地区功能点单价基准可参照与北京地区人月费率对应关系进行折算）。

A.6.1　应用软件运维规模单价

功能点单价基准为 121.16 元/功能点（以北京地区统计数据中位数为基准，费用包含应用软件运维的直接人力成本、间接人力成本、间接非人力成本及合理利润，但不包括直接非人力成本。其他地区功能点单价基准可参照与北京地区人月费率对应关系进行折算）。

A.7　规模调整因子

在规模估算的不同阶段，应考虑规模蔓延对项目范围的影响。

在估算早期（如概算、预算阶段），规模调整因子取值 1.39。

在估算中期（如投标、项目计划阶段），规模调整因子取值 1.22。

在估算晚期（如需求分析阶段），规模调整因子取值 1.00。

附录 B　涉及本书标准实施的常见问题及回答（Q&A）

1.《软件工程 软件开发成本度量规范》的适用范围是什么？不适用部分如何解决？

《软件工程 软件开发成本度量规范》适用于度量成本与功能规模密切相关的软件开发项目的成本。

注：对以非功能需求为主或包含大量复杂算法，或以创意为主的软件开发项目，在进行成本估算时，可参考《软件工程 软件开发成本度量规范》估算软件规模，并估算除算法研究、高度创意及非功能需求之外的软件开发工作成本；也可不用估算软件规模，参考《软件工程 软件开发成本度量规范》描述的方法（如类比法、类推法）和原则，直接估算软件开发项目的工作量和成本。

2.《软件测试成本度量规范》的适用范围是什么？不适用部分如何解决？

《软件测试成本度量规范》包含软件成本度量的过程、方法和相关调整因子，可在甲方、乙方和第三方等利益相关方在测试项目成本估算、变更后再预算和核算时使用。

若被测软件规模不明确，或者由于项目预算及时间限制而无法进行规模度量，则可按照测试软件生存周期过程或直接用类比法估算出软件测试的人工工作量，进而采用该标准中的测试成本调整因子和测试成本度量过程估算软件测试成本。

3. 为什么要估算软件规模？如何估算？

软件规模即"软件大小"，如同建筑规模以平方米衡量一样。软件规模估算是软件估算的基础。软件开发工作量与软件规模密切相关，因而，估算软件规模是进行有效项目范围和成本管理的基础。

由于缺乏标准，当前不少企业不估算软件规模，而根据经验估算工作量，这种做法的弊端如下：

（1）不能在项目前期界定范围，明确需求。

（2）在项目开发中，无法进行生产率改进，也就无法走上通过改进生产率、降低成本的发展正轨。

当前纳入国际标准和国内电子行业标准的软件规模度量方法共有 5 种，均为功能点分析方法。本书中的规模估算可依据其中任一方法识别功能点计数项，并根据其对应的权值计算出功能规模。

4. 什么是软件因素调整因子？什么是开发因素调整因子？什么是测试因素调整因子？后两个重要参数如何获得？

软件因素调整因子是指软件由于自身的特点对生产率产生影响时需考虑的因子（例如，要解决的问题复杂或对质量要求高的软件通常生产率就会低一些），通常包括业务领域、应用类型、完整性级别和质量要求等。软件因素调整因子与甲方要开发什么软件、软件本身的特性和质量要求相关。

开发因素调整因子是指对同一软件，由于采用的技术或团队人员的差异而导致生产率变化时需考虑的因子（例如，先进的开发技术或更有经验的人员通常会使生产率更高），通常包括采用技术、过程、团队经验、重用程度等，即与开发组织（团队）的技能、经验以及使用的开发工具等相关。

测试因素调整因子是指由于被测软件本身的实际情况以及甲方的特殊要求而导致生产率变化时需要考虑的因子。

在估算软件开发工作量时，最主要的两个决定因素是软件规模和生产率。不同的项目由于所面临问题、团队能力等方面的差异，会导致生产率有较大差异。需要根据软件情况、开发情况对生产率进行调整。

在估算软件测试工作量时，软件本身的复杂性程度与完整性是较为关键的因素，可依据软件的实际情况进行调整。其他测试如回归测试、加急测试和现场测试等，也会对软件测试的工作量产生影响。

具体调整因子的选择和取值，可对历史数据进行统计分析而获得，也可根据经验确定，详见本书附录 E。

5. 如何有效区分软件开发成本的各组成部分？

《软件工程 软件开发成本度量规范》将软件开发成本分为直接人力成本、间接人力成本、直接非人力成本和间接非人力成本四部分。其中，直接人力成本和直接非人力成本统称直接成本，间接人力成本和间接非人力成本统称间接成本。

直接成本与间接成本的区别：在区分直接成本与间接成本时，可以假设当前项目中止或取消，未发生的相关费用是否还会继续产生。如果是，那么这些费用属于间接成本；如果相关费用不会发生，那么这些费用属于直接成本。例如，某项目开发需要使用某项特殊技术，而项目组成员并不了解相关技术，需要进行培训以保证开发工作顺利进行，则此培训费用应计入直接成本；如果是为开发技能或知识的通用培训，如开发管理流程培训，则此培训费用计入间接成本。

开发费用与非开发费用的区别：在"软件开发成本"范畴内，所有费用一定是为开发活动服务的。如果有些费用与项目相关，但与开发活动无关，则不计入软件开发成本。例如，如果某项目的开发需要采购特殊的硬件设备，则相关费用应计入直接非人力成本，而运行这个系统所需的设备不属于软件开发成本，通常计入硬件购置费。

毛利润问题：毛利润通常包含除开发方直接成本和间接成本之外的经营管理费用分摊、市场销售费用分摊、应承担的各种税费及税后净利润。在编制软件项目预算、报价或结算时，除软件开发成本外，考虑开发方合理的毛利润水平是必要的。

6. 企业的应用效果如何？

（1）促使甲方、乙方在合同前期澄清需求，明确项目范围。

众所周知，需求变更是软件行业的一项老大难问题，是软件开发诸多问题的根源。《软件工程 软件开发成本度量规范》采用国际标准规定的功能点分析方法进行规模估算，支持在项目早期就"甲方的模糊需求"进行有效、低成本的沟通和澄清，提高了需求分析的质量，降低了软件厂商的成本风险，提高了项目范围管理能力。

（2）提高了软件企业在商务谈判过程中的议价能力。

采用本标准后，软件厂商按照规模报价和议价，而不是仅依据预算或者个人经验去报价，为广大厂商提供了谈判的"依据"，从而提高了软件厂商的议价能力。

（3）有效避免低价中标和低价恶性竞标。

维护行业正常的平均利润，保护广大软件企业的利益，避免低于成本价格承接项目的现象发生，彻底消除了长期困扰软件企业的"十元钱中标"的问题。

7. 如果甲方也掌握了《软件工程 软件开发成本度量规范》标准中的算法，是否会影响软件厂商的收入和利润？

如果甲方掌握了《软件工程 软件开发成本度量规范》，不仅不会降低软件厂商的收入和利润，而且会使全行业平均项目收入和利润整体上升。原因在于以下两方面：

（1）大大减少因需求变化估计不足带来的合同变更后项目范围扩大的机会，而这些范围扩大往往不会再支付费用，变更经常侵蚀掉软件厂商绝大部分的利润。

（2）减少低价竞标现象，消除恶性竞价，也会大大提高软件厂商的平均收入和利润。

总体上，《软件工程 软件开发成本度量规范》在软件行业的应用将带来软件行业甲方、乙方双赢的结果，维护市场健康、有序地发展。

8. 乙方能否利用《软件工程 软件开发成本度量规范》标准与甲方周旋？如何增加谈判筹码？

在标准的应用将为乙方在双方谈判中提供有利的谈判筹码。

（1）利用《软件工程 软件开发成本度量规范》，可促使甲方就"软件项目大小"达成一致。因为如果不能达成一致，那么项目过程中发生的需求变更，吃亏的往往是乙方。

（2）为甲、乙双方的商务谈判提供"量化依据"。

在商务谈判中，由于乙方整体处于弱势地位，所以在没有行业标准可利用时，乙方的估算由于过多依赖经验，与甲方谈判时往往"无理可讲"，甲方就会有更多的理由去压低价格，而乙方却无理反击。乙方可依据本标准据理力争，提高议价能力。

9. 目前很多软件厂商在实际开发过程中，都会有大量重用。这些在成本估算中是否已经有所考虑？是如何考虑的？

在制定标准时，工作量的估算已经考虑了重用因素，技术路线是通过识别每个功能点计数项的功能吻合度进行调整的。

这样考虑，将对软件厂商带来积极影响，软件厂商为了获得竞争优势，会不断提高重用程度，提高生产率，降低成本，而生产率落后的软件厂商将处于行业竞争的劣势地位。这既保护了优秀企业，又避免了劣币驱逐良币现象的发生，将有助于整个行业的健康发展。

10. 如何快速使用《软件工程 软件开发成本度量规范》标准？

依据《软件工程 软件开发成本度量规范》中规定的估算步骤，进行某特定需求的软件开发工作时，相关人员可按照以下 4 个步骤快速获得成本估算结果：

（1）规模估算，依据国际标准的功能点分析方法对功能点进行估算/计数。

（2）工作量估算，根据项目特征和行业模型确定软件因素调整因子和开发因素调整因子的取值，并根据已估算的规模数据计算项目工作量。

（3）成本估算，根据工作量估算结果和基准数据，计算项目直接人力成本和间接成本。同时，依据《软件工程 软件开发成本度量规范》的要求，根据项目情况估算直接非人力成本。

（4）将以上 3 项成本求和，即得软件开发成本的估算值。

注：估算过程中相关公式、模板可参考标准不同场景的应用指南，相关调整因子的取值可参考权威部门发布的相关行业基准数据。

附录 C　标准术语和定义

下列术语和定义适用于本指南。

C.1

软件开发成本　software development cost

为达成软件项目目标开发方所需付出的各种资源代价总和。

注：资源包括人、财、物和信息等。

C.2

软件开发收入　software development income

开发方向委托方交付软件开发工作成果所获得的收入。

C.3

直接成本　direct cost

为达成软件项目目标而直接付出的各种资源代价总和。

注1：如可直接计入软件项目成本的直接材料和直接人工等。

注2：改写 GB/T32911—2016，定义 3.4。

C.4

间接成本　indirect cost

与达成软件项目目标相关，但同一种投入可以支持一个以上项目的联合资源代价总和。

注1：如开发管理人员工资、开发设备折旧和停工损失等。

注2：改写 GB/T32911—2016，定义 3.5。

C.5

人力成本　human resource cost

为达成软件项目目标所需付出的各种人力资源代价总和。

C.6

非人力成本　non-human resource cost

为达成软件项目目标所需付出的人力成本之外的其他资源代价总和。

C.7

成本度量　cost measurement

对软件开发成本的预计值进行估算或对实际值进行测量和分析的过程。

C.8

方程法　equation

基于基准数据建立参数模型，并通过输入各项参数，确定待估算项目工作量或成本估算值的方法。

C.9

类比法　comparison

将本项目的部分属性与类似的一组基准数据进行比对，进而获得待估算项目工作量或成本估算值的方法。

C.10

类推法　analogy

将本项目的部分属性与高度类似的一个或几个已完成项目的数据进行比对，适当调整后获得待估算项目工作量或成本估算值的方法。

C.11

系统边界　system boundary

被度量软件与用户或其他系统之间的界限。

C.12

功能点　function point（FP）

衡量软件功能规模的一种单位。

C.13

完整性级别　integrity level

项目的某个特性的取值范围的一种表示，该特性的取值范围表示子系统或子模块对整体软件项目可能带来风险的影响程度。

注：改写 GB/T 18492—2001，定义 3.9。

C.14

基准　benchmark

经过筛选并维护在数据库中的一个或一组测量值或者派生测量值，用来表征目标对象（如项目或项目群）相关属性与这些测量值的关系。

C.15

基准比对　benchmarking

将目标对象（如项目或项目群）属性与基准（C.14）相比较，并建立目标对象属性相应值的全部过程。

C.16

基准比对方法　benchmarking method

基于基准（C.14）数据，对待估算项目进行估算或对已完成项目进行评价的方法。

C.17

委托方　sponsor

软件项目的出资方。

C.18

开发方　developer

受委托方（C.17）委托，负责软件开发的组织或团队。

C.19

第三方　third-party

除委托方（C.17）和开发方（C.18）之外的监理、审计、咨询机构等利益相关方。

C.20

百分位数　percentile

统计学术语。若将一组数据从小到大排序，并计算相应的累计百分位，则某一百分位所对应数据的值就称为这一百分位的百分位数。例如，一组 n 个观测值按数值大小排列，处于 $p\%$ 位置的值称第 p 百分位数。

C.21

功能点耗时率 **person hours per functional size unit**

每功能点所消耗的人时数。

C.22

挣值分析 **earned value analysis**

将项目已完成工作的计划工作量与实际工作量进行比较,确定项目进度和成本偏离情况的方法。

C.23

预算编制 **budgeting**

根据项目成本估算的结果确定预计项目费用的过程。

C.24

预算价 **budget price**

项目立项时批复的预算额度。

C.25

投标价 **bid price**

在招投标过程中,各投标人递交的承包价格。

C.26

评标基准价 **baseline price for bid evaluation**

在评标中设定为价格评分最高的价格。

C.27

投标最低合理报价 **lowest price for reasonable bid**

在评标中设定为有效投标报价的下限价格。

C.28

投标最高合理报价 **highest price for reasonable bid**

在评标中设定为有效投标报价的上限价格。

C.29

规模综合单价 unit price of size

单位规模的直接人力成本与间接成本之和。

注：单位通常为元/功能点。

C.30

变更成本 change cost

为实现变更所需付出的软件开发成本。

C.31

结算 settlement

开发方在项目验收后对项目的成本进行计算的过程。

C.32

决算 final accounts

委托方在项目验收后对项目的成本进行计算的过程。

C.33

后评价 post project evaluation

在项目已经完成并运行一段时间后，对项目的目的、执行过程、效益、作用和影响进行系统、客观分析和总结的一种技术经济活动。

C.35

软件测试成本 software testing cost

为达成软件测试项目目标所需付出的各种资源代价总和。

注：资源包括人力、财力、物力、信息等。

C.36

自动化测试 automatic testing

机器模拟人为驱动，自动执行测试行为的一种过程。

附录 D 快速功能点分析方法介绍

D.1 什么是快速功能点分析方法

快速功能点分析方法是依据国际标准（ISO IEC 24570: 2018《软件工程 NESMA 功能规模测量法 功能点分析应用的定义和计算指南》）要求提出的一种软件规模测量方法，并充分考虑软件组织及需求或项目特性，目前采用预估功能点分析方法和估算功能点分析方法进行业务需求规模的估算和测量，并对方法进行了优化改进。

改进之处：在继承了传统功能点分析方法的计数原则基础上，提出了适合项目不同阶段的三级估算精度的功能点计数原则，软件组织可以根据项目不同阶段的获取的信息量来决定选择适合的估算精度。主要优化及定制内容包括系统边界的确定、部分功能点计数项规则的调整以及不使用 GSC（通用系统特征）对功能规模进行调整。此外，按照国内行业数据统计分析，利用快速功能点分析方法估算时，每个功能组件采用"Average"级别复杂性程度，即 ILF、EIF、EI、EO、EQ 的取值分别为 10、7、4、5、4）。相较 NESMA 标准中所有的数据功能选择"Low"级别复杂性程度，事务功能选"Average"级别复杂性程度进行估算，即 ILF、EIF、EI、EO、EQ 的取值分别为 7、5、4、5、4，结果更为准确。在使用快速功能点分析方法时，还可以在项目结束后根据详细功能点计数的结果，对预估或估算功能点各计数项权重进行校正，以获得更为准确的估算结果。

该方法可以解决传统功能点分析方法存在的问题，其优点主要体现在以下 3 个方面：

（1）快速简单。实践证明，估算人员经过两天学习，就能够比较准确、快速地掌握该方法。经过培训的估算人员，平均计数速度约为 2000 功能点/人日，是传统功能点分析方法平均速度的 10 倍以上。

（2）方法成熟。快速功能点分析方法是依据国际 ISO 标准，较好地继承了 IFPUG 和 NESMA 的功能点计数原则，其计数结果可以完全与国际数据进行比对。

（3）适合项目早期、中期、后期等不同应用阶段。快速功能点分析方法根据项目不同阶段分为三级精度，以适应概预算、招投标、项目计划、商务谈判、项目核算及后评价各个阶段的规模估算要求。

D.2 快速功能点分析方法的应用场景

（1）项目前期的可行性分析。采用快速功能点分析方法判断项目所需完成的规模、工作量、工期和成本，从而决定软件组织是否能够支撑或接受该项目。

（2）确立项目范围与标的。有助于给出明确的预算申请依据，使得预算过程更加透明，在投标过程中采用功能点报价，便于审查核实报价是否过高或偏低。

（3）合同谈判的依据。甲方可以依据乙方所提供的软件功能点数量进行验收并支付合同款项。

（4）项目立项的依据。基于快速功能点分析方法，人员配备、费用安排以及工期设定等都可以更透明。

（5）项目计划与跟踪的基础。无论是传统的瀑布模型开发项目、增量开发项目，还是当今流行的敏捷开发项目，都可以通过规模估算衡量项目的产出。同时，可以作为依据，向客户收取与功能点数量对应的费用。

（6）人员绩效考核。有助于核定项目人员的工作量、产能评价、效率评估。

D.3 快速功能点分析方法的规则及过程

采用优化后的快速功能点分析方法进行规模估算或测量的基本过程如图 D.1 所示。

图 D.1 功能点计数基本过程

1. 确定计数类型

根据需求或项目的类型确定计数类型，计数类型分 3 种，即新开发、延续开发及已有系统的计数。

（1）对于新开发需求或项目，须对预计（或实际）投产的功能进行计数。

（2）对于延续开发需求或项目，须对预计（或实际）新增、修改及删除的功能均进行计数。

（3）对于已有系统，须对实际的功能进行计数。

2. 识别系统边界

根据系统边界的含义，在识别系统边界的时应注意以下 3 项：

（1）从用户视角出发，不受系统实现影响。

（2）主要是为了区分内部逻辑文件（ILF）和外部接口文件（EIF）。

（3）事务功能应穿越识别的系统边界。

3. 识别功能点计数项

1）功能点计数项分类

功能点计数项分数据功能和交易功能两类。数据功能包括内部逻辑文件（ILF）、外部接口文件（EIF），交易功能包括外部输入（EI）、外部输出（EO）、外部查询（EQ）。

数据功能是软件系统提供给用户的满足产品内部和外部数据需求的功能，即本系统管理或使用那些业务数据（业务对象），如"客户信息""账户交易记录"等。

内部逻辑文件或外部接口文件所指的"文件"不是传统数据处理意义上的文件，而是指一组客户可识别的、逻辑上相互关联的数据或者控制信息。因此，这些文件和物理上的数据集合（如数据库表）没有必然的对应关系。

交易功能是系统提供给用户的处理数据的功能，即本系统如何处理和使用那些业务数据（业务对象），如"转账""修改黑名单生成规则""查询交易记录"等。

交易功能又称为基本过程，是用户可识别的、业务上的一组原子操作，可能由多个处理逻辑构成。例如，"添加柜员信息"这个基本过程可能包含"信息校验""修改确认""修改结果反馈"等一系列处理逻辑。

2）识别逻辑文件

逻辑文件不是传统数据处理意义上的文件，也不是实现意义上的物理的数据集合，它与物理模型无关。逻辑文件是指一组用户可识别的、逻辑上相互关联的数据或者控制信息，对逻辑文件的操作由业务需求引起，用户可以理解并识别。

逻辑文件包括内部逻辑文件（ILF）、外部接口文件（EIF）两类。

识别逻辑文件的主要步骤如下：

（1）识别业务对象。业务对象应该是用户可以理解和识别的，业务对象包括业务数据或业务规则，如"企业黑名单""黑名单生成规则"等。而一些为了程序处理而维护的数据则属于编码数据，如国家/地区信息表。所有的编码数据均不识别为逻辑文件，与之相关的操作也不识别为基本过程。

（2）确定逻辑文件数量。需要根据业务上的逻辑差异及从属关系，确定逻辑文件的数量。例如，对于合作方贷后管理中的"合作方额度冻结审批信息"，虽然"开发商额度冻结审批信息""汽车经销商额度冻结审批信息"与"担保公司额度冻结审批信息"的信息有所差异，但其流程和用途基本一致，因此不识别为不同的逻辑文件；而对于客户信息平台，"个人客户信息"和"公司客户信息"虽然物理特征类似，但这两类信息有完全不同的业务用途；对于银行类系统，可识别为不同的逻辑文件。

（3）确定是否是 ILF，即确定该逻辑文件是否在本系统内进行维护。若是，则记为 ILF；若在本系统中仅为引用，而在其他系统内进行维护，则为 EIF。任何本系统中的 EIF，都至少是其他某一个系统的 ILF（或 ILF 的一部分）。

（4）任何逻辑文件在系统边界之内仅被计数一次。

3）识别基本过程

事务性功能指提供给用户处理数据的功能，每一个交易功能都是一个完整的基本过程。一个基本过程应该是业务上的原子操作，并产生基本的业务价值。基本过程必然穿越系统边界。基本过程分为 EI、EO 和 EQ 的识别。

（1）EI 基本识别规则如下：

EI 是处理来自系统边界之外的数据或控制信息的基本处理过程，其主要目的是维护一个或多个 ILF 或者改变系统的行为。EI 的基本识别规则如下：

① 是否来自系统边界之外的输入数据或控制信息。

② 如果穿过边界的数据不是改变系统行为的控制信息，那么至少应维护一个 ILF。

③ 确保该 EI 没有被重复计数，即任何被分别计数的两个 EI 至少满足下面 3 个条件之一（否则，被视为同一个 EI）：

i. 涉及的 ILF 或 EIF 不同。

ii. 涉及的数据元素不同。

iii. 处理逻辑不同。

④ 对业务对象的增、删、改等操作通常属于 EI。

（2）EO 基本识别规则。

EO 是向系统边界之外发送数据或控制信息的基本处理过程，其主要目的是向用户呈现经过处理的信息，而不仅仅是在应用中提取数据或控制信息。该处理逻辑必须包含至少一个数学公式或计算过程，或产生派生数据，或修改了逻辑文件，或改变了系统行为。EO 的基本识别规则如下：

① 将数据或控制信息发送出系统边界。

② 处理逻辑包含至少一个数学公式或计算过程，或者产生了衍生数据，或者维护了至少一个 ILF，或者改变了系统的行为。

③ 确保该 EO 没有被重复计数，即任何被分别计数的两个 EO 至少满足下面 3 个条件之一（否则被视为同一 EO）：

i. 涉及的 ILF 或 EIF 不同。

ii. 涉及的数据元素不同。

iii. 处理逻辑不同。

④ 对已有数据的统计分析、生成报表通常属于 EO。

（3）EQ 基本识别规则。

EQ 是向系统边界之外发送数据或控制信息的基本处理过程。其主要目的是向用户呈现未经加工的已有信息。其处理逻辑不可以包含数学公式或计算过程，不可以产生派生数据，不可以修改逻辑文件；也不可以改变系统行为，但可以对已有数据进行筛选、分组、排序或等值代换。EQ 的基本识别规则如下：

① 将数据或控制信息发送出系统边界。

② 处理逻辑可以包含筛选、分组或排序。

③ 处理逻辑不可以包含以下 4 种情况：

i. 数学公式或计算过程。

ii. 产生衍生数据。

iii. 维护 ILF。

iv. 改变系统行为。

④ 确保该 EQ 没有被重复计数，即任何被分别计数的两个 EQ 至少满足下面三个条件之

一（否则被视为同一 EQ）：

    i. 涉及的 ILF 或 EIF 不同。

    ii. 涉及的数据元素不同。

    iii. 处理逻辑不同。

    ⑤ 对业务数据的查询、已有信息的显示通常属于 EQ。

4. 计算未调整的功能点数

1）采用预估功能点进行计数，计算公式如下：

$$FP=35×ILF+15×EIF$$

式中，

    FP 为未调整的功能点数，单位为功能点；

    ILF 为内部逻辑文件的数量；

    EIF 为外部接口文件的数量。

2）采用估算功能点进行计数，计算公式如下：

$$FP=10×ILF+7×EIF+4×EI+5×EO+4×EQ$$

式中，

    FP 为未调整的功能点数，单位为功能点；

    ILF 为内部逻辑文件的数量；

    EIF 为外部接口文件的数量；

    EI 为外部输入的数量；

    EO 为外部输出的数量；

    EQ 为外部查询的数量。

5. 计算调整后的功能点数

根据不同的规模测算阶段，需要考虑隐含需求及需求变更对规模的影响。因此，需要根据规模计数时机进行规模调整。调整后的功能点数（AFP），计算公式如下：

$$AFP=FP×CF$$

式中，

    AFP 为调整后的功能点数，单位为功能点；

    FP 为未调整的功能点数，单位为功能点；

    CF 为规模变更调整因子，依据行业数据，项目估算早期（如概预算阶段），规模变更调整因子通常取值 1.5；在项目估算中期（如招投评标、项目立项、技术方案阶段），规模变更调整因子通常取值 1.26；在项目估算中后期（如需求分析完成及后评价），规模变更调整因子通常取值 1.0。

D.4 快速功能点分析方法应用示例

1. 需求示意

项目背景：某开发方为政府部门甲新开发一个操作系统，以支持其网上办公、文档流转等电子政务需求。开发方需根据初步需求确定项目预算。本项目预算期需求较明确，开发方了解各功能的重用情况，并确定采用 Java 开发，无特殊质量要求，团队为其他行业开发过此类系统。

主要功能：……收文管理、发文管理、会议管理、日程安排……

功能描述：……收文管理功能要求；日程安排功能要求……

2. 测算规模

假设根据需求描述，识别内部逻辑文件 15 个、外部接口文件 4 个，识别各功能可重用程度后，填写表 D.1。

表 D.1 功能点计数示例

功能类型	不同重用程度文件数/个	功能点数/个	功能点数合计/个
ILF	低 9	9×1×35= 315	
	中 3	3×2/3×35= 70	
	高 3	3×1/3×35= 35	
		ILF 计数合计：	420
EIF	低 2	2×1×15= 30	
	中 0	0×2/3×15= 0	
	高 2	2×1/3×15= 10	
		EIF 计数合计：	40
US（ILF 计数合计＋EIF 计数合计）			460
规模变更因子：			1.22
AS（调整后软件规模总计）：			579.6
说明： 规模变更因子预算时取值 1.39，招投标时取值 1.22； AS＝US×CF			

由于需求较明确，所以规模变更因子参照招投标场景取值 1.22。

3. 测算项目直接非人力成本

假设这个项目的需求方在北京，开发团队在山东省济南市，则需要一定的差旅费；因项目特殊性，需要在外面临时租用场地进行封闭开发，需要对开发团队实施某项技术的特定培训。综合以上所列，测算出的项目直接非人力成本为 3.2 万元。直接非人力成本测试示例见 D.2。

表 D.2　直接非人力成本测试示例

区　分	费用估算单位/万元	备　注	说　明
办公费	1.20	需租借外部办公场所进行封闭开发	开发方为开发此项目而产生的行政办公费用，如办公用品费用、通信费用、邮寄费用、印刷费用、会议费用等
差旅费	1.00	预计会多人次频繁出差	开发方为开发此项目而产生的差旅费用，如交通费用、住宿费用、差旅补贴等
培训费	1.00	需要做 XX 技术的特定培训	开发方为开发此项目而安排的特别培训产生的费用
业务费	0.00		开发方为完成此项目开发工作所需辅助活动产生的费用，如招待费、评审费、验收费等
采购费	0.00		开发方为开发此项目而需特殊采购专用资产或服务的费用，如专用设备费、专用软件费、技术协作费、专利费等
其他费用	0.00		未在以上项目列出但确系开发方为开发此项目所需花费的费用
合计/万元	3.20		

4. 测算软件开发费用

根据这个项目的特点（业务处理）、所处的阶段（预算阶段），选择相应的规模调整因子值；依据行业数据，预算阶段的规模变更调整因子通常取值 1.22。该系统属于业务处理系统，因此应用类型的调整参数取值 1.0。

将规模测算结果和调整因子值导入计算模板，再参照行业基准数据确定基准生产率，根据开发团队所在地域（济南市）设定人员基准单价，就可以计算出基准报价（直接非人力成本除外）。加上前面测算的直接非人力成本（3.2 万元），就可以得出该项目的软件开发成本的合理区间，即 41.60 万～60.74 万元。预算申报单位宜使用估算中值 51.17 万元或上限值 60.74 万元来申报预算，也可按照当地财政部门的相关规定进行申报。软件开发费用测算示例见表 D.3。

表 D.3　软件开发费用测算示例

规模估算结果（单位：功能点）	460.00	进行功能吻合度调整后
规模变更调整因子取值	1.22	项目预算阶段
调整后规模（单位：功能点）	579.60	—
基准生产率[单位：（人·时）/功能点]	6.74	行业基准数据乐观值
	8.42	行业基准数据中位数
	10.10	行业基准数据悲观值

续表

			22.20	下限值
未调整工作量（单位：人日）			28.73	中值
			33.26	上限值
调整因子		应用类型	1.00	无特别限定
		质量特性	1.00	无特别限定
		开发语言	1.00	无特别限定
		开发团队背景	1.00	无特别限定
调整后工作量（单位：人日）			22.20	下限值
			28.73	中值
			33.26	上限值
人月基准单价（单位：万元/人日）不包含直接非人力成本			1.73	济南市
基准报价（单位：万元）（不包含直接非人力成本）			38.40	下限值
			48.97	中值
			58.54	上限值
直接非人力成本（单位：万元）			3.20	—
预算费用（单位：万元）			41.60	下限值
			51.17	中值
			60.74	上限值

附录 E 调整因子参数表

E.1 应用类型调整因子参数表

表 E.1 应用类型调整因子参数表

应用类型	范　　围	调整因子
业务处理	办公自动化系统；人事、会计、工资、销售等经营管理及业务处理用软件等	1.0
应用集成	企业服务总线、应用集成等	1.2
科技	科学计算、模拟、统计等	1.2
多媒体	图形、影像、声音等多媒体应用领域；地理信息系统；教育和娱乐应用等	1.3
智能信息	自然语言处理、人工智能、专家系统等	1.7
系统	操作系统、数据库系统、集成开发环境、自动化开发/设计工具等	1.7
通信控制	通信协议、仿真、交换机软件、全球定位系统等	1.9
流程控制	生产管理、仪器控制、机器人控制、实时控制、嵌入式软件等	2.0

E.2 软件完整性级别调整因子参数表

表 E.2 软件完整性级别调整因子参数表

软件完整性级别	调整因子
A	1.5
B	1.3
C	1.1
D	1.0

E.3 质量特征调整因子参数表

表 E.3 质量特征调整因子参数表

调整因子		判断标准	影响度
分布式处理因子	指应用能够在各组成要素之间传输数据	没有明示对分布式处理的需求事项	−1
		通过网络进行客户端/服务器及网络基础应用分布处理和传输	0
		在多个服务器及处理器上同时相互执行应用中的处理功能	1
性能因子	指用户对应答时间或处理率的需求水平	没有明示对性能的特别需求事项或活动，因此提供基本性能	−1
		应答时间或处理率对高峰时间或所有业务时间都很重要，对连动系统结束处理时间有限制	0
		为满足性能需求事项，要求设计阶段进行性能分析，或在设计、开发阶段使用分析工具	1

调整因子		判断标准	影响度
可靠性因子	指发生故障时的影响程度	没有明示对可靠性的特别需求事项或活动，因此提供基本的可靠性	−1
		发生故障时可轻易修复，仅带来一定不便或经济损失	0
		发生故障时很难修复，造成重大经济损失或有生命危害	1
多重站点因子	指能够支持不同硬件和软件环境	在相同用途的硬件或软件环境下运行	−1
		在用途类似的硬件或软件环境下运行	0
		在不同用途的硬件或软件环境下运行	1
注：质量特性调整因子=（分布式处理因子 + 性能因子 + 可靠性因子 + 多重站点因子）×0.025 + 1			

E.4 开发语言调整因子参数表

表 E.4 开发语言调整因子参数

语言分类	调整因子
C 语言及其他同级别语言/平台	1.5
Java、C++、C#及其他同级别语言/平台	1.0
PowerBuilder、ASP 及其他同级别语言/平台	0.6

E.5 开发团队背景调整因子参数表

表 E.5 开发团队背景调整因子参数

调整因子	判断标准	影响度
同类行业及项目的以往经验	为本行业开发过类似的项目	0.8
	为其他行业开发过类似的项目，或为本行业开发过不同但相关的项目	1.0
	没有同类项目的背景	1.2